服装中职教育“十二五”部委级规划教材

服装陈列

丛书主编　陈桂林
本书主编　毛艺坛
副 主 编　陈桂林　侯莉菲　李兵兵

中国纺织出版社

内容提要

陈列是一门创造性的视觉与空间艺术，服装陈列以其直观的冲击力在服装品牌的营销战略和形象推广方面发挥着举足轻重的作用。本书详细讲解了服装陈列设计的基本理论，并以图文并茂的形式从陈列的空间设计、灯光设计、色彩设计、陈列技巧和陈列管理等方面较为全面地介绍了服装陈列的基本原则和方法。

本书既注重专业基础知识的规范性，又重视实际操作的多样性，精美的服装卖场陈列图片便于读者理解，可供各高职院校服装设计、展示设计专业师生和服装卖场陈列设计人员参考。

图书在版编目（CIP）数据

服装陈列 / 毛艺坛主编 .—北京：中国纺织出版社，2013.7（2018.4重印）

服装中职教育“十二五”部委级规划教材

ISBN 978-7-5064-9778-7

Ⅰ. ①服… Ⅱ. ①毛… Ⅲ. ①服装—陈列设计—中等专业学校—教材 Ⅳ. ① TS942.8

中国版本图书馆 CIP 数据核字（2013）第 103722 号

策划编辑：华长印　王　璐　　责任编辑：王　璐　韩雪飞

责任校对：寇晨晨　　责任设计：何　建　　责任印制：何　艳

中国纺织出版社出版发行

地址：北京市朝阳区百子湾东里A407号楼　邮政编码：100124

销售电话：010—67004422　传真：010—87155801

http://www.c-textilep.com

E-mail:faxing@c-textilep.com

中国纺织出版社天猫旗舰店

官方微博 http://weibo.com/2119887771

北京玺诚印务有限公司印刷　各地新华书店经销

2013 年 7 月第 1 版　2018 年 4 月第 2 次印刷

开本：787 × 1092　1/16　印张：12.5

字数：166千字　定价：45.00 元

服装中职教育“十二五”部委级规划教材

一、主审专家（排名不分先后）

清华大学美术学院　肖文陵教授

东华大学服装与艺术设计学院　李俊教授

武汉纺织大学服装学院　熊兆飞教授

湖南师范大学工程与设计学院　欧阳心力教授

广西科技职业学院　陈桂林教授

吉林工程技术师范学院服装工程学院　韩静教授

中国十佳服装设计师、中国服装设计师协会副主席　刘洋先生

二、编写委员会

主　任：陈桂林

副主任：冀艳波　张龙琳

委　员：（按姓氏拼音字母顺序排列）

暴　巍　陈凌云　胡　茗　胡晓东　黄珍珍　吕　钊

李兵兵　雷中民　毛艺坛　梅小琛　屈一斌　任丽红

孙鑫磊　王威仪　王　宏　肖　红　余　朋　易记平

张　耘　张艳华　张春娥　张　雷　张　琼　周桂芹

出版者的话

《国家中长期教育改革和发展规划纲要》（简称《纲要》）中提出“要大力发展职业教育”。职业教育要“把提高质量作为重点。以服务为宗旨，以就业为导向，推进教育教学改革。实行工学结合、校企合作、顶岗实习的人才培养模式”。为全面贯彻落实《纲要》，中国纺织服装教育学会协同中国纺织出版社，认真组织制订“十二五”部委级教材规划，组织专家对各院校上报的“十二五”规划教材选题进行认真评选，力求使教材出版与教学改革和课程建设发展相适应，并对项目式教学模式的配套教材进行了探索，充分体现职业技能培养的特点。在教材的编写上重视实践和实训环节内容，使教材内容具有以下三个特点：

（1）围绕一个核心——育人目标。根据教育规律和课程设置特点，从培养学生学习兴趣和提高职业技能入手,教材内容围绕生产实际和教学需要展开,形式上力求突出重点,强调实践。附有课程设置指导，并于章首介绍本章知识点、重点、难点及专业技能，章后附形式多样的思考题等，提高教材的可读性，增加学生学习兴趣和自学能力。

（2）突出一个环节——实践环节。教材出版突出中职教育和应用性学科的特点，注重理论与生产实践的结合，有针对性地设置教材内容，增加实践、实验内容，并通过多媒体等形式，直观反映生产实践的最新成果。

（3）实现一个立体——开发立体化教材体系。充分利用现代教育技术手段，构建数字教育资源平台，部分教材开发了教学课件、音像制品、素材库、试题库等多种立体化的配套教材，以直观的形式和丰富的表达充分展现教学内容。

教材出版是教育发展中的重要组成部分，为出版高质量的教材，出版社严格甄选作者，组织专家评审，并对出版全过程进行跟踪，及时了解教材编写进度、编写质量，力求做到作者权威、编辑专业、审读严格、精品出版。我们愿与院校一起，共同探讨、完善教材出版，不断推出精品教材，以适应我国职业教育的发展要求。

中国纺织出版社
教材出版中心

序

为深入贯彻《国务院关于加大发展职业教育的决定》和《国家中长期教育改革和发展规划纲要（2010-2020年）》，落实教育部《关于进一步深化中等职业教育教学改革的若干意见》、《中等职业教育改革创新行动计划（2010-2012年）》等文件精神，推动中等职业学校服装专业教材建设，在中国纺织服装教育学会的大力支持下，中国纺织出版社联袂北京轻纺联盟教育科技中心共同组织全国知名服装院校教师、企业知名技术专家、国家职业鉴定考评员等联合组织编写服装中职教育“十二五”部委级规划教材。

一、本套教材的开发背景

从2006年《国务院关于大力发展职业教育的决定》将“工学结合”作为职业教育人才培养模式改革的重要切入点，到2010年《国家中长期教育改革和发展规划纲要2010-2020年》把实行“工学结合、校企合作、顶岗实习”的培养模式部署为提高职业教育质量的重点，经过四年的职业教育改革与实践，各地职业学校对职业教育人才培养模式中的宏观和中观层面的要求基本达成共识，办学理念得到了广泛认可。当前职业教育教学改革应着力于微观层面的改革，以课程改革为核心，实现实习实训、师资队伍、教学模式的改革，探索工学结合的职业教育特色，培养高素质技能型人才。

同时，由于中国服装产业经历了三十多年的飞速发展，产业结构、经营模式、管理方式、技术工艺等方面都产生了巨大的变革，所以传统的服装教材已经无法满足现代服装教育的需求，服装中职教育迫切需要一套适合自身模式的教材。

二、当前服装中职教材存在的问题

1.服装专业现用教材多数内容比较陈旧，缺乏知识的更新。甚至部分教材还是七八十年代出版的。服装产业属于时尚产业，每年都有不同的流行趋势。再加上近几年服装产业飞速地发展，设备技术不断地更新，一成不变的专业教材，已经不能满足现行教学的需要。

2.教材理论偏多，指导学生进行生产操作的内容太少，实训实验课与实际生产脱节，导致整体实用性不强，使学生产生“学了也白学”的想法。

3.专业课之间内容脱节现象严重，缺乏实用性及可操作性。服装设计、服装制板、服装工艺教材之间的知识点没有得到紧密地关联，款式设计与版型工艺之间没有充分地结合和对应，并且款式陈旧，跟不上时尚的步伐，所以学生对制图和工艺知识缺乏足够的认识及了解，设计的款式只能单纯停留在设计稿。

三、本套教材特点

1.体现了新的课程理念

本书以“工作过程”为导向，以职业行动领域为依据确定专业技能定位，并通过以实际案例操作为主要特征的学习情境使其具体化。“行动领域→学习领域→学习情境”构成了该书的内容体系。

2.坚持了“工学结合”的教学原则

本套教材以与企业接轨为突破口，以专业知识为核心内容，争取在避免知识点重复的基础上做到精练实用。同时理论联系实际、深入浅出，并以大量的实例进行解析。力求取之于工，用之于学。

3.教材内容简明实用

全套教材大胆精简理论推导，果断摒弃过时、陈旧的内容，及时反映新知识、新技术、新工艺和新方法。教材内容安排均以能够与职业岗位能力培养结合为前提。力求通过全套教材的编写，努力为中职教育教学改革服务，为培养社会急需的优秀初级技术型应用人才服务。同时考虑到减轻学生学习负担，除个别教材外，多数教材都控制在20万字左右，内容精练、实用。

本套教材的编写队伍主要以服装院校长期从事一线教学且具有高级讲师职称的老师为主，并根据专业特点，吸收了一些双师型教师、知名企业技术专家、国家职业鉴定考评员来共同参加编写，以保证教材的实用性和针对性。

希望本套服装中职教材的出版，能为更好地深化服装院校教育教学改革提供帮助和参考。对于推动服装教育紧跟产业发展步伐和企业用人需求，创新人才培养模式，提高人才培养质量也具有积极的意义。

国家职业分类大典修订专家委员会纺织服装专家
广西科技职业学院副院长
北京轻纺联盟教育科技中心主任
2013年6月

前言

中国改革开放30多年来，服装业得到长足发展，并且已经初具规模。中国不仅是服装生产大国，也是名副其实的服装消费大国，然而由于各种原因，我国服装业目前还难以拥有一流的国际化自主品牌，国内高端服装市场几乎完全被来自法国、德国等国外品牌所占据。从国内环境看，中国服装市场正迅速进入全面整合期，随着经济全球化进程的加速推进，我国服装产业面临着从“做大”迈向“做强”的严峻局面。要建立真正的中国国际知名服装品牌，除了要具备国际化的服装产品设计能力之外，以商业营销为中心，形成以树立和推广品牌为核心的经营业态也是极为重要的一个方面。

服装陈列设计是一门融合视觉艺术、空间设计、营销管理、心理学等多方面知识的学科。鲜明、醒目、美观的店铺陈列，在给人带来享受和愉悦的同时，不仅可以刺激顾客的购买，还能传递服装的特点和品牌文化特征，进一步提升企业形象和品牌知名度，推动服装商品的销售。在激烈的市场竞争中，越来越多的服装企业意识到服装陈列在品牌营销战略和形象推广方面具有举足轻重的作用。服装企业也因此需要具备专业知识的陈列人员，通过艺术化的陈列方法，强化品牌形象和展示品牌文化。

本书凝聚了编写老师的教学心得，同时结合对服装卖场的调研考察，广泛收集和有序整合相关资料，从服装陈列的概念、设计规划、陈列技巧、陈列管理等方面入手，对陈列设计的理论和实践进行了系统的阐述，既注重专业基础知识的规范性，又重视实际操作的多样性，以期达到指导和促进陈列教学发展的目的，并为服装陈列的发展尽一份努力。

本书由四川师范大学服装学院毛艺坛担任主编，广西科技职业学院陈桂林、成都纺织高等专科学校侯莉菲、巫山县职业教育中心李兵兵担任副主编。全书由毛艺坛统稿。

由于编写时间仓促，本书难免有不足之处，敬请广大读者和同行批评赐教，提出宝贵意见，便于本书再版修订，编者不胜感激！

毛艺坛

2012年9月

教学内容及课时安排

章/课时	课程性质/课时	节	课程内容
第一章（2课时）	陈列基本理论（8课时）		**• 概论**
		一	陈列与视觉营销的概念
		二	服装陈列的发展历史与现状
		三	服装陈列对服装营销的作用
第二章（4课时）			**• 服装陈列设计概述**
		一	服装陈列设计的理论基础
		二	服装陈列的材料
		三	服装陈列配套设施的选择
第三章（2课时）			**• 服装陈列设计的规划和实施**
		一	服装陈列设计的规划
		二	服装陈列设计的实施
第四章（4课时）	应用与实践（24课时）		**• 卖场空间设计**
		一	卖场空间设计的原则
		二	卖场构成
		三	卖场空间规划
		四	卖场中的人体工程学设计
第五章（4课时）			**• 卖场灯光设计**
		一	光和光源
		二	卖场照明方式和照明用途
		三	服饰陈列设计中的灯光应用
第六章（4课时）			**• 陈列色彩设计**
		一	服饰品的色彩与风格是陈列设计的前提
		二	陈列设计的色彩组合
		三	陈列色彩设计的方法
第七章（4课时）			**• 橱窗设计**
		一	橱窗的分类和作用
		二	橱窗设计的基本方法
		三	橱窗设计手法的综合运用

章/课时	课程性质/课时	节	课程内容
第八章 （6课时）	应用与实践 （24课时）		**•服饰陈列技巧**
		一	服饰陈列的基本规范
		二	陈列展示技巧
		三	陈列的形式美法则
第九章 （2课时）			**•陈列管理**
		一	日常管理
		二	陈列的监督与维护

注　各院校可根据自身的教学特色和教学计划对课程时数进行调整。

第一章
概论

课题名称： 概论

课题内容： 陈列与视觉营销的概念
服装陈列的发展历史与现状
服装陈列对服装营销的作用

课题时间： 2课时

训练目的： 让学生了解陈列与视觉营销的基本概念及关系，了解服装陈列发展的历史与我国服装陈列的发展现状，明确服装陈列对服装营销的作用。

教学方式： 讲授式教学、启发式教学

教学要求： 1.让学生了解和掌握陈列的基本理论知识。
2.让学生了解服装陈列的历史和现状。
3.让学生明确陈列在现在商业社会中对服装营销的重要作用，树立正确的专业意识。

心理学研究表明，在人所接受的全部信息当中，83%源于视觉，11%来自于听觉，其他6%分别来自于嗅觉、触觉和味觉。对于服装产品而言，要想将产品的特点完全展示给消费者、吸引消费者，就需要在卖场中对陈列进行很好的规划。服装卖场的陈列对商品销售至关重要，根据相关市场调查数据显示，成功的卖场陈列可以提升10%左右的销售额。鲜明、醒目、美观的店铺陈列，在给人带来享受和愉悦的同时，不仅可以刺激顾客的购买，还能传递服装的特点和品牌文化特征，进一步提升企业形象和品牌知名度，推动服装商品的销售（图1-1）。陈列是一种综合性艺术，是广告性、艺术性、思想性、真实性的集合，是消费者最能直接感受到的时尚艺术，任何品牌想要达到促销和传播的目的，都离不开个性艺术的陈列（书后彩图1）。

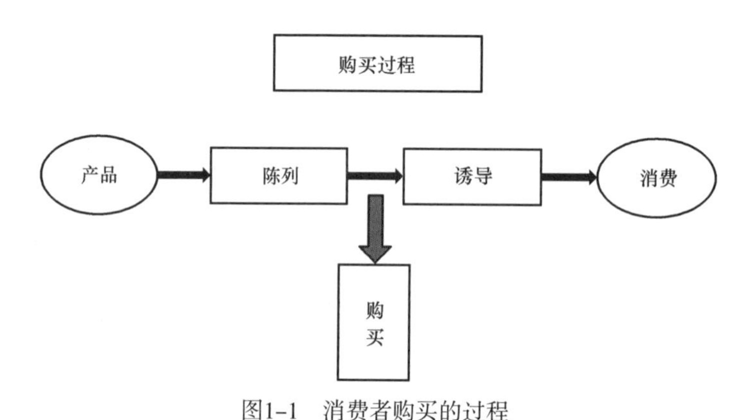

图1-1　消费者购买的过程

第一节　陈列与视觉营销的概念

一、陈列的概念

我们把商品的展示活动称为Display、Shoeing、Visual Presentation或Visual merchandising Presentation，这种称呼随展示目的、展示方法以及购物方式的不同而变化。店铺陈列是指把商品及其价值通过空间的规划，利用各种展示技巧和方法传达给消费者，进而达到销售商品的目的。

在早期商品供不应求的时代，市场上的同质化产品较少，消费者选择余地也较少，商家根本不必考虑商品的分类和讲究展示陈列的创新，只要把商品摆整齐，准备足够量就行了。如今商品供应量大增，消费市场成为买方市场，消费者有随意选购商品的权力，店铺陈列必须能够为消费者提供选择和比较商品的机会，才能达到建议及说服消费者购买的目的。因此，服装企业越来越重视商品展示和卖场陈列，陈列观念也有了大幅度的改进和发展。

近两年随着“服装陈列”概念的流行，业界人士对“陈列”这一概念作了各种各样的诠释，其中最普遍的是：陈列是一门创造性的视觉与空间艺术，是一个完整而系统的集合概念。它包括商店设计、装修、橱窗、通道、模特、背板、道具、灯光、音乐、POP广告、产品宣传册、商标及吊牌等零售终端的所有视觉要素。陈列是视觉营销的一个重要组成部分，它涵盖了营销学、心理学、视觉艺术和人体工程学等多门学科知识，是一门综合性学科，是品牌形象建立的重要手段，也是终端卖场提升销售业绩最有效的营销手段之一。

许多人把陈列理解为游走于商业与艺术之间，通过艺术手段包装产品、卖场，同时利用流行趋势、消费心理等把商品推销出去的活动。陈列要求非常细致，要做到一尘不染、一丝不苟。例如层板服装的折叠方式，服装出样的件数、挂钩方向、尺码排列等，同时考虑服装的出样方式，比如在橱窗上展示最有代表、最时尚、最抢眼的服装。根据顾客视角习惯和行走路线，在第一视野陈列主推商品，在补充区域陈列走量商品等。

二、视觉营销的概念

20世纪80年代，随着营销理念的改变，欧美一些国家逐步将视觉与营销相结合，形成一种新的营销体系，并称之为视觉营销（Visual Merchandising），简称VMD。视觉营销就是商品计划视觉化，即在流通领域里表现并管理以商品为主的所有视觉要素的活动，从而与其他企业差别化以及达到表现企业独特性的目的。它包括陈列设计、卖场POP设计和店铺设计等，是通过色彩、造型等引起视觉刺激的方式，吸引潜在顾客关注产品，达到销售目的的一种营销活动。这种营销方式在一些国际大品牌中运用非常普遍。

从实际操作的角度看，视觉营销的内容概括如下：

1.店面

店面的整体形象是顾客对品牌的第一印象，包括店面在商场的位置、面积、店面设计的风格以及要表达的想法等。

2.陈列

视觉营销要求对产品进行三次设计：第一次是原始的产品设计；第二次是卖场的产品陈列设计；第三次即综合其他视觉要素的产品搭配再设计。

3.人员

店员是最直接和消费者沟通的人员，他们的仪表举止、综合素质代表了企业和品牌形象，所以很多服装企业和商店非常注重现场导购人员的筛选、岗前培训、上岗后的管理和再培训。

4.服务

顾客通过体验个性化服务来感受品牌所倡导的生活方式，感受产品本身带来的核心价值，此外，如服装店里装饰的鲜花，备有咖啡、点心、糖果、杂志的休息角落等服务细节烘托出温馨的购物氛围，更是品牌文化和品牌个性点滴细节的流露。

5.环境

综合运用建筑艺术、装潢艺术、视听艺术、嗅觉艺术等元素设计营造的购买环境，向消费者传达品牌的文化和品位，进而达到销售产品的目的。

6.产品

产品是消费者的最终选择，所以产品的优劣及其市场适应性是视觉营销成功的关键。

7.服装展示会

在服装展示会上，通过模特表演等方式将服装产品特有的色彩、款式、质感、风格要素淋漓尽致地表达出来。

视觉营销是一个系统的复杂的工程，涉及品牌的方方面面，陈列设计由于其灵活多变的方式以及对服装产品造型和色彩组合的影响力，成为视觉营销的灵魂，是视觉营销的一种重要的策略与手段。因此准确认识“视觉营销”这一概念，对理解“陈列”大有裨益。

第二节 服装陈列的发展历史与现状

一、服装陈列发展的历史

自从人类社会有了社会交往，展示活动就伴随而生，并逐步发展、延伸，日益成为人类进行各种社会活动的重要形式。服装陈列在发展之初，仅是作为一种简单摆放服装的销售方法和手段，它的最大功能就是对服装进行粗略的分类、简单地展示服装款式和方便顾客挑选服装。其发展过程大约经历了以下四个阶段：

第一阶段：19世纪，服装设计师为欧洲贵族和美国富人上门服务。英国著名设计师查尔斯·弗雷德里克·沃斯（Charles Frederick Worth）于1858年在巴黎建立了他的第一家时装屋，并发明了服装展示的雏形，自此他的客户开始进入店铺定制。沃斯将他设计的衣服让工作室的漂亮姑娘穿起来向顾客展示推销，开创了服装展示陈列的先河。1900年欧洲商业及百货业开始发展，陈列设计作为商品的一种销售方式和销售技术出现。一些店铺经营者将皇宫中精美的装饰技术运用到商品销售当中去，用精工细作的装饰方法来装扮店铺。陈列设计的出现可以说是工业时代的一种衍生产物。

第二阶段：20世纪20年代和30年代早期，由建筑师编写的关于专卖店设计方面的带有精美插图的书开始出现。专卖店形象设计理论逐渐变得成熟，灯光和照明成为强调展品至关重要的技术，整个店面被当做一个大橱窗来进行货品的展示。这段时期人型模特和衣架开始流行，并得到广泛应用。

第三阶段：20世纪40～70年代，战后购物狂潮的泛滥促使各种推销手段迅速发展，并使之愈加专业化。新的生活方式使零售业出现了细分的市场，销售专门产品的商店大量出现，商场已不再是简单的布置而是开始向视觉营销方向转变。在欧洲，设计师是品牌的灵魂，根据设计师的品牌设计理念，服装商品实行有组织的视觉营销。伊夫·圣·洛朗（Yves Saint Laurent）于1966年9月在巴黎开的塞纳河左岸（Rive Gauche）专卖店，真正体现了高级服装店发生的变革。为了展示他的波普艺术的时装，他和装饰师共同设计了专卖店布景：红漆墙壁、明亮的橘黄色地毯、太空时代气息的家具和彩色雕塑。

这一时期，出现了百货连锁店，这一零售形式不仅提高了利润空间，提供了向顾客宣传和沟通的渠道，同时也有利于陈列设计的及时更新和在卖场严格落实视觉营销设计策略的可能性，并更易于控制视觉营销的实施。对各品牌公司来说，不论专卖店是在纽约、新加坡或米兰，唯一可能的忧虑是如何确保公司各销售点间设计的一致性。目前“在遍布各个角落的激烈竞争中展示强烈和广阔的形象，应对竞争”这一策略在国际性奢侈品品牌中被普遍采用，同时开始影响并进入其他国际性品牌的战略当中，例如：Gap、Next或Zara。

第四阶段：20世纪80~90年代，专卖店发展出了很多种形式，与文化艺术的结合更为紧密，具有现代解构主义特色的装饰风格也运用于店面设计中，折射出这一时期的多层次营销战略。90年代后，在欧美等国家，品牌旗舰店、概念店开始出现并流行起来。品牌旗舰店是为了适合品牌现阶段推广的整体策略而设计的规范店形象。概念店是针对品牌在未来某一发展阶段的抽象概念而进行的形象展现。设计师和经营者通过运用大量的陈列设计方案和视觉设计方法来营造这些店铺的氛围，提倡品位与文化内涵，并且通过视觉形式传导给消费者。

如今，国际品牌林立，竞争加剧，消费者不断追求消费的乐趣，在这种大环境下，正确地、目标明确地选择和执行视觉营销策略已经变得必不可少。相比而言，欧洲某些国家的销售形式更为先进。例如在英国，销售总是以大商场和百货商店为中心，并取得了令人瞩目的成绩。意大利则在其销售结构中保留了传统的独立零售商形式，并成为服装销售发展的空间。尽管整个欧洲范围内的销售方式各有不同，但不论是形象品牌还是概念品牌，从销售点到代理商特许经营连锁店，近年来都强烈地意识到陈列在市场营销战略中举足轻重的地位。越来越多的形象品牌和概念品牌，包括设计师品牌开始重视陈列和视觉营销策略，提升店铺形象，借此扩大销售，获得更高的利润。

二、我国服装陈列的发展

随着国际知名服装品牌不断涌入国内市场，中国服装企业受其影响，内部分工越来越细，从而产生了服装陈列部门。国内服装发展较晚于国外，陈列的发展也处于起始阶段，在陈列的内容和方法上主要以模仿国外成功品牌为主，对陈列的认知程度也各有不同，归纳起来大概有以下几种状况：

第一种是陈列无用观点，认为终端的销售除了产品以外主要依靠营销技巧，陈列只是一种装饰，是一种装点门面用的可有可无的东西。

第二种是陈列万能观点，认为陈列可以迅速提升销售额，比营销手段还重要。持这种观点的人往往在每一次陈列师做完陈列后，希望营业额会有很大的飙升。假如陈列对营销没有促进，他们又很容易成为陈列无用论的拥护者。

第三种是狭义的陈列观点，认为陈列师的工作就是摆摆衣服，这是目前在企业中出现最多的一种观点，卖场陈列师不重视卖场通道的规划，或把通道的设计交给了店铺设计师，把POP的设计交给了平面设计师，陈列师的工作往往是接受一堆已经设计好的服装，一个已经规划好的卖场，一张已经设计好的POP。在此之前，这些不同分工的设计师之间往往又没有任何的交流。最后只能造成陈列师工作面狭窄、工作被动、陈列创意主题牵强，卖场整体感不强等结果。

目前在国内，陈列处于概念模糊的状态，多数服装加盟店对陈列没有系统的认识，有的只是给人一种造型美，偏重纯艺术的表现，缺乏商业表现的灵活和时尚；有的在风格上纯粹模仿国外，简单地将服装搭配，忽略了服装品牌文化的内在要求，形似而神不备，完全没有理解“陈列不只是将商品卖出去，而更要使服装品牌深入人心”的最终目标。造成这种状况主要由于以下原因：

第一，国内陈列设计师岗位分工不明确。许多服饰企业由于没有充分认识陈列设计的重要性，在企业中也没有设立这样的岗位，导致了企业不能够充分发挥陈列设计的应有作用，不能够将品牌所倡导的生活理念传递给消费者。

第二，专业陈列设计人才严重稀缺。因为我国的时装陈列设计处于初级发展阶段，尚缺乏完善的标准体系，所以我国各服装院校没有设立专门的陈列设计专业，对该专业也没有太多的关注与投入。个别有专业意识的院校最多开设了以介绍性为主的专业课程。国内的服装陈列师一般是由平面设计师、室内设计师、专卖店店长或服装设计师充当，而这些人员都不能很全面、透彻地掌握陈列设计的整体知识。室内设计师或平面设计师虽然对空间的构造、布局有一定的掌控能力，但对服装的专业知识缺乏深入的了解，而服装设计人员或服装销售人员虽然对服装知识和顾客心理了解得很全面，但对空间构造、光与色的运用方面理解得不够专业、到位。因此，国内的服装陈列设计师在进行服装卖场的陈列设计时，往往在整体的把握上有所欠缺，总给人一种美中不足的感觉，因为真正完美的陈列设计是一门综合性、科学性很强的学问和艺术。

面对这样一种情况，我们一方面要对陈列这个新兴的职业抱有足够的耐心和宽容的态度，关注它的成长，另一方面也要客观地看待它的作用。一个好的陈列人才的确难能可贵，他不但要对品牌了如指掌，清晰产品的定位，还要能把握住时尚的变化和理解环境造型，所以对服饰陈列设计师综合能力要求相当高。目前中国的陈列设计刚刚起步，国内服装企业对陈列设计的重视正不断深化，并逐渐规范陈列管理，很多国内企业开始设立服装陈列设计师职位，院校也在探索如何培养理论与实践紧密结合的专门人才。

第三节　服装陈列对服装营销的作用

在品牌营销的概念下，我们越来越多地在终端卖场感受到由产品设计、品牌文化、营销策略、消费心理分析等各种元素组成的全方位的产品推介。在各种元素组合而成的卖场中，服装不再是一件孤立的商品，而是这个时尚剧中的主角。消费者在这个美好的“场”里买走了衣服，也带走了这个品牌的文化。产品的陈列布置是展示品牌风格个性的重要技术手段，巧妙的服装陈列不仅对品牌形象和企业形象有识别和强化的作用，同时还可以创造良好的卖场销售环境。如今，服装陈列以其直观的冲击力成为吸引顾客消费的主要方式，越来越受到业界重视，而陈列设计对品牌的推广和销售促进作用已成为人们的共识。

从市场竞争的角度看，品牌越高端，陈列的作用越重要。消费者也许本来只想买一条裤子，如果陈列做得好，就会转而考虑买下陈列的一整套服装，这就是陈列的魅力。如果卖场陈列不好，形象不好，那么即使供货再及时，销售业绩仍可能出现问题。虽然服装商品种类繁多、形态各异、陈列方式复杂多变，但陈列的基本目的是固定不变的，它可以充分展示品牌形象，突出商品的特色和优势，营造良好的营销氛围，吸引顾客的注意力，促进服装营销。

早在20世纪20年代，就有人提出了AIDA模式。在商品营销活动中，顾客面对商品时所产生的一系列意识活动，称为AIDA模式，即注意（Attention）、兴趣（Interest）、愿望（Desire）、行动（Action）（图1-2）。这个模式表明，注意是兴趣的前提，只有引起消费者的注意，才可能使其产生兴趣并导致某种愿望和行动。心理学研究表明，当人们在观察事物时，一般都是把其中核心部分当做注意的对象，而会忽视其他的背景，这是因为人的知觉具有选择性。一般情况下，色彩鲜艳、形状独特、轮廓清晰、主题鲜明的事物能更多地引起消费者的注意。若能通过出色的设计，对着装和服饰搭配进行陈列展示，很好地传达服装产品的艺术风格、流行元素、新奇、有趣又蕴义深刻的韵味，那么必然会唤起顾客的兴趣，使其产生与自己生活方式相关的丰富的联想，对品牌或产品产生认同感和归属感，激起购买欲望，并加深对该品牌的印象和好感，促成交易行为。陈列设计作为一种视觉营销的手段，刺激消费者的眼球，诱导其产生一系列的心理反应，所以无论该品牌产品是否被购买，都给顾客留下深刻的印象，甚至在一定程度上形成品牌形象并产生品牌联想。

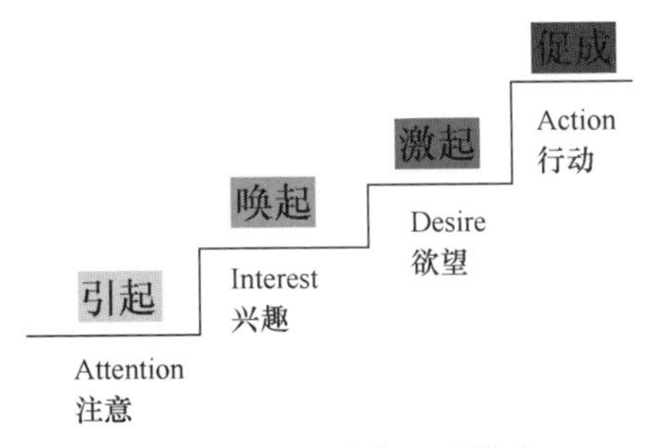

图1-2 AIDA消费心理模式

陈列对于服装销售的重要性，主要就是因为服装陈列与消费者的购买心态密切相关，例如消费者有一些基本的消费心态：光线充足的地方更能引起消费者的注意，最先关注的地方通常是与视线相平的货架，太过嘈杂的环境会让消费者产生烦躁的情绪，不愿过多逗留等，如果店铺的服装陈列能够抓住这些基本的消费者心态，便会对销售产生有利影响。

服装陈列的目的是把服装商品信息直接传递给公众，使服装更加易看、易懂、易拿、易买。也就是说，服装店通过服装陈列，把服装特色用最经济、最直接、最能被公众接受的方式介绍给顾客，使顾客对服装产生深刻的印象，进而产生购买的欲望。其对服装营销的主要作用表现在以下两个方面。

1.展现

服装善于展示外在形象美，其陈列效果也很容易体现。一件高档时装，如果把它随意地挂在普通衣架上，其高档次就显现不出来，顾客就可能看不上眼。如果把它“穿”在模特身上，在彩色射灯的照射下，再搭配其他的衬托和装饰，其高雅的款式、精细的做工就清楚地呈现在顾客面前，同时会营造一种氛围，顾客就很容易被打动。

2.推销

服装陈列通过各种形式使静止的服装变成顾客关注的目标，对重点推荐的服装以及新上市的服装，用视觉的语言，展现服装商品的独特个性与内涵，吸引并说服消费者购买服装产品。同时，经过科学规划和精心陈列的卖场可以提高服装的档次，增加服装的附加值。

（1）说服：服装陈列能够宣传服装的特色与长处，说服顾客认同服装店的经营理念和商品，建立顾客对服装店的信任，最终促使顾客选择服装店的商品。

（2）告知：服装陈列能够展示、说明新产品或新观念，使顾客了解并且接受或跟上新的时尚潮流，转变消费观念。好的服装陈列除了告知卖场的销售信息外，同时还能传递一种服装店特有的品牌文化。一个品牌只有建立起自己特有的品牌文化，才能加深消费者对品牌的印象，从而形成一批忠实的顾客群，继而在众多品牌中脱颖而出，并增强品牌的竞争力，占有更多的市场份额。

（3）娱乐：通过生动、形象、活泼、多样的展示与陈列方式营造优美环境，带给顾客一种新鲜有趣的感受和购物体验。

（4）提醒：协调的服装陈列使消费者易于接受服装商品的各种信息，加深对服装商品的印象，增加购买机会，形成潜在利润。提醒公众关注服装店的特色、服装质量和服务，使顾客保持对该服装店的良好印象，有利于维护服装店的信誉，提高服装商品的可信度，并使消费者产生对品牌的认同感和信任感，从而提升企业的知名度。

小结

陈列是一门创造性的视觉与空间艺术，它包括商店设计、装修、橱窗、通道、模特、背板、道具、灯光、音乐、POP广告、产品宣传册、商标及吊牌等零售终端的所有视觉要素，是一个完整而系统的集合概念。陈列是视觉营销的一个重要组成部分，陈列设计由于其灵活多变的方式以及对服装产品造型和色彩的组合的影响力，成为视觉营销的一种重要的策略方法与手段。

1900年欧洲商业及百货业开始发展，陈列设计作为商品的一种销售方式和销售技术出现。经过百余年的发展，陈列设计已经成为一种广泛应用于服饰销售中非常实用的方法。我国服装陈列的发展处于起始阶段，在陈列的内容和方法上主要以模仿国外成功品牌为主，陈列概念还较模糊、国内陈列设计师岗位分工不明确、专业陈列设计人才稀缺。这种现状目前已经引起了国内服装企业的重视。如今，服装陈列以其直观的冲击力成为吸引顾客消费的主要方式，越来越多地受到业界重视，而陈列设计对品牌的推广和销售的促进作用也已成为人们的共识。

思考题

1.陈列的概念是什么？

2.简述陈列与视觉营销的关系。

3.服装陈列经过了哪几个阶段的发展？

4.简述我国服装陈列的发展现状。

5.陈列设计对服装营销具有哪些作用？

第二章

服装陈列设计概述

课题名称： 服装陈列设计概述

课题内容： 服装陈列设计的理论基础

服装陈列的材料

服装陈列配套设施的选择

课题时间： 4课时

训练目的： 让学生了解服装陈列的原则和陈列要素、陈列目的，认识并掌握常见的服装陈列材料，学会正确选择服装陈列的各种设施。

教学方式： 讲授式教学、启发式教学

教学要求： 1.让学生了解和掌握服装陈列设计的原则、陈列要素。

2.让学生了解服装陈列的目的。

3.让学生认识并掌握常见的服装陈列材料及学会正确选择材料和设施。

第一节　服装陈列设计的理论基础

一、服装陈列设计的概念

服装陈列是商品陈列的一个分支,它以服装为主题，根据服装的不同品类、款式、色彩、面料等，综合运用多种艺术手法进行展示，突出货品的特色及卖点吸引顾客的注意，进一步提高和加强顾客对商品的了解和信赖程度，从而最大限度地引起购买欲望。服装陈列设计主要指服装卖场及橱窗的陈列设计，服装陈列不仅需要清楚地表明商店出售的是什么，还要最大限度地展示服装的美感。其中最为重要的是整体创意策划，首先要明确该陈列设计要体现什么、给顾客传达什么信息、准备达到什么效果；其次是具体设计方案，旨在用独特的搭配、和谐的色彩等视觉元素共同完成设计理念；最后是设计方案的布置实施。

做好服装陈列设计，需要具备以下能力：服装卖场规划能力；卖场色彩协调能力；卖场照明配置能力；服装搭配的能力；服装陈列器具的了解和使用能力；服装陈列技巧；服装陈列主题创意能力；陈列情况的分析、评估和管理能力；陈列团队管理以及陈列系统设置能力等。

二、服装陈列设计的原则

（一）醒目化

为了吸引消费者，便于顾客选购，服装店应根据服装的特点灵活选择服装的展示部位、展示空间、展示位置、叠放方法等，陈列时要尽量展示全貌，使顾客一目了然。例如，出售衬衣时，可以把各种同类的衬衣一个压一半地平放在柜架上，将领子、袖子、纽扣、口袋等服装细节全部展示出来，旁边再配置醒目美观的标识牌，注明价格、面料、规格、产地、洗涤方法等内容。这样不仅便于顾客参观选购，也可以减轻营业员的工作量，提高劳动效率。

（二）丰富感

服装陈列要齐全。许多顾客选购服装时，不愿意开口询问，喜欢自主购物，所以服装店除了导购员主动热情地接待顾客外，还必须把经营的全部服装品种都陈列齐全，做到整齐有序、货品齐全丰富，让顾客看得见，并且能够对其质量、款式、色彩、价格等作认真地比较。选择种类丰富，才能最大限度地增加顾客购买的机会。

（三）简洁化

服装陈列应简洁明了，合理有序。特别是服装系列产品的组合形象更要简洁合理，突出主题，如对于某些男士正装的品牌，如能在其专卖店的墙面边柜或橱窗里增设西服的正面展示，并附有系列衬衫、领带搭配，就达到美化西服、吸引顾客注意的作用。相反如果服装店布置过多，没有突出主题便让人觉得很杂乱，失去购买欲望。

（四）主次化

在店铺里，服装陈列和展示要有主有次，合理规划。一般来说，新产品应该陈列在容易接近顾客视线的位置，如在休闲产品的上货季节，应将其陈列在容易被顾客注意到的货柜；畅销服装，应陈列在便于拿取的位置；不同类型的服装还应间隔分区陈列，如休闲服装与正装的区隔，男装与女装的区隔。

（五）艺术性

服装的陈列，应在保持服装独立美感的前提下，通过艺术造型使服装巧妙布局，相互辉映，达到整体美的艺术效果。陈列的方法要新颖独特、构思巧妙，对消费者有一种挡不住的吸引力。同时讲究一定的审美原则，做到美观、大方、匀称、协调，还可以恰如其分地运用一些饰品等，充分运用艺术手法展示服装的美，从而最大限度地调动顾客的购买愿望。

三、服装陈列的基本要素

服装陈列包括以下基本要素：

（一）适当的产品

陈列适当的产品主要包括，给予销售快的服装明显的陈列位置以及保证足够的库存；尽可能丰富产品系列及产品规格，以获得最大的视觉效果和满足顾客多方位的需求。

（二）陈列数量

服装陈列要有一定的量感，这样才能够刺激顾客的购买欲，从而达到销售服装的目的。假如陈列未达到一定的数量，销售量就会明显降低。所以，要充分考虑陈列的数量，同时注意到服装的款式、颜色、大小齐全，这样才能吸引顾客的注意力，从而提高服装的销售量。

（三）陈列方向

正确的陈列方向才能带来优秀成功的陈列设计。服装的陈列就像人的颜面一样，是品牌留给顾客的第一印象，所以在服装陈列时，应考虑以下几点方向：

（1）迎合顾客的服装选购重点。在服装陈列时，将最具有吸引力的产品组合展示给观众，这是服装陈列方向的重点。

（2）各类型服装产品分区。产品要摆放在正确的陈列位置上，比如将男装、女装、童装分区陈列，这样才能方便目标客户群快速选购。

（3）以配色漂亮面向顾客。给顾客留下色彩亮丽、商品丰富的印象。

（4）选择最稳定的陈列方式。尤其体现在能够安全、便捷地补货。

（四）商品陈列排面管理

商品陈列排面管理是指提出服装配备和陈列的方案，规划服装陈列的有效货架空间范围。服装店多根据商品的销售量来安排服装的陈列排面。通常畅销服装给予较多的排数，也就是占的陈列空间较大，而销售量较少的服装则给予较少的排面数，即所占的陈列空间较小。对滞销服装则不给排面，可将其削价处理淘汰出去。服装陈列的排面管理，对于提高卖场的服装销售效率，具有很大的作用。

服装陈列还要根据天、时、地、人各种因素综合考虑，才能达到理想的效果。同时服装陈列要给消费者常变常新的感觉，不断吸引消费者的注意力，创造最佳的销售效果。

四、服装陈列设计的目的

合理的商品陈列可以起到展示商品、提升品牌形象、营造品牌氛围、提高品牌销售等作用。

（一）展示商品提升品牌形象

根据产品特点、消费者的购买习惯，把主打和畅销服装系列展示给顾客，通过模特三维展示、挂装、叠装等方式将不同商品最优秀的一面展示给顾客，吸引其对卖场的注意力，提升品牌形象。

（二）营造品牌氛围

服装商品本身不会说话，但陈列设计可以利用橱窗装饰、货品陈列摆放、光源、色彩搭配、POP广告等手法让其动起来。例如休闲装品牌，运用动感的休闲模特，跳跃和动感的冲浪板还有鲜艳的服装色彩，构成了一幅年轻人夏季在海边冲浪运动的快乐情景，这种展示生动而有趣地给消费者提供一个身临其境的联想空间。

（三）提升销售额

好的陈列和差的陈列，对销售额的影响是显著的，这是众多品牌和商家极度重视产品陈列的原因之一，商品陈列可以引起消费者的购买欲，并促使其采取购买行动，从而提升销售额。

（四）提高商品的附加值

好的陈列可以让你的商品增值，使企业获得更高的利润，增强企业的竞争力，占有更多的市场份额。

（五）引导生活方式的改变

针对目标消费群层次，加强商品视觉效果的展示，可以引导顾客购物，并影响和提升消费群的审美度，并引发消费和生活方式的改变。

（六）维护商家的信誉

优秀的整体陈列设计方案有利于维护企业的信誉，提高商品的可信度，使消费者易于接受商品的各种信息，加深对商品的印象，增加购买机会，形成潜在利润。并进一步使消费者产生对品牌的认同感和信任感，从而提升企业的知名度。

五、陈列设计师应具备的素质

陈列师是一个极具商业敏感度和管理才能的艺术工作者，应具备艺术与商业相结合的综合素质。

（一）良好的艺术修养

在时尚业中，陈列设计师要具有良好的艺术修养、开阔的艺术思维能力、敏锐的艺术觉察力。同时密切关注国内外陈列艺术的发展动态，并及时捕捉最新的潮流动向，获取创作灵感。

（二）专业知识和造型能力

陈列设计是一种综合性的创造表现，设计师要掌握与陈列设计相关的室内设计、空间环境的基本知识和想象能力，同时具备一定的平面设计能力、造型能力，并能够熟练地运用各种设计表现技法表达自己的设计意图，与外界交流。

（三）公关协调能力和合作意识

陈列设计师是企业、服装设计师和消费者之间的桥梁，是服装产品投入市场环节的实施者之一，因此切不可孤芳自赏、自我陶醉，要具有良好的组织能力、公关协调能力、较强的人际交往能力和合作意识，正确地认识自身在企业发展和品牌运作中的角色，正确领悟品牌内涵，把设计师的意图正确地传达给消费者，让消费者感受、理解并认可品牌理念。

第二节　服装陈列的材料

为了实现店铺设计者的巧妙构思，达到预期的陈列效果，往往需要借助各种各样的陈列工具。因此，对陈列工具的了解是十分必要的。常见的陈列工具有展示柜、展示台、饰品柜、展架、衣架、人台和人体模特、POP广告等。

一、展示柜

展示柜是陈列、保护和收藏商品的用具，由层板和挂通组成，长度一般为185~210cm，由木质或金属等不同材料组成。服装展示柜可以简单地分为封闭式和开放式两种，按照展示方式分为单面展柜、多面展柜和橱窗式展柜。要统一服装店展示柜的尺寸、材料、形式特征和色彩，来营造一个整齐、有秩序的卖场环境、提供适合购物的良好气氛。书后彩图2-1所示为展柜，书后彩图2-2所示的层柜也为展柜的一种类型。

展示柜本身就有分割空间的作用，所以常用于空间结构的布局。通常沿墙摆放，由于其有较大空间，可以进行叠装、侧挂、正挂等多种陈列形式，能比较完美地展示成套服装的效果。

二、展示台

展示台使商品与地面隔离，形成展品不同的空间分隔，通过保护、衬托、组合展品起到丰富展示空间层次、引人注目的效果。展示台一般放在店铺的入口处或店铺中间位置，陈列新品及展示道具，突出主题及产品形象（书后彩图2-3、彩图2-4）。展台有直线型、圆型、S型、多角型、封闭型或开放型等。如图2-1所示。

图2-1　各种展示台

三、饰品柜

饰品柜分为开架和封闭式的玻璃低柜两种陈列方式。包、鞋、帽、丝巾、领带等饰品通过开架陈列方式展现（书后彩图2–5、彩图2–6、彩图2–7）。一些小的饰品或贵重的饰品，如眼镜、首饰、皮夹等，可以陈列在封闭式的玻璃低柜中。

四、展架

展架可用来吊挂、承托展板或作为展台、展柜的支撑骨架，也可以直接作为构成隔断，或代替墙壁面，使商品得到透明、生动的展示。展架有高架、低架之分。高架又称边架，通常沿墙摆放，能比较完美地展示成套服装的效果（书后彩图2–8）。低架泛指放置在卖场中高度相对较矮的货架。包括风车形低架、圣诞树形低架等很多种类，通常低架放置在卖场中的中部，所以也称为中岛架。如图2–2、图2–3所示。

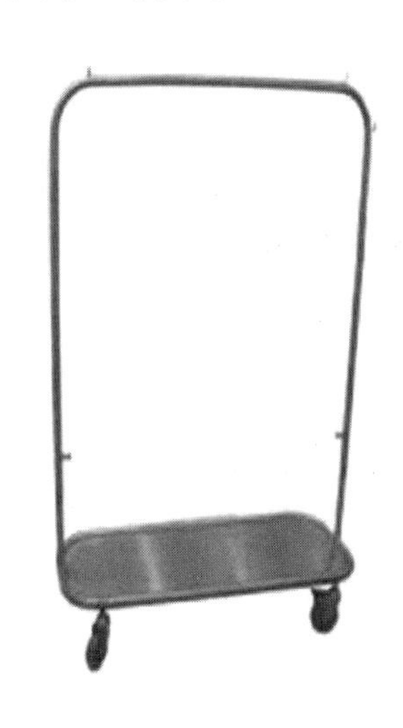

图2–2　中岛龙门架

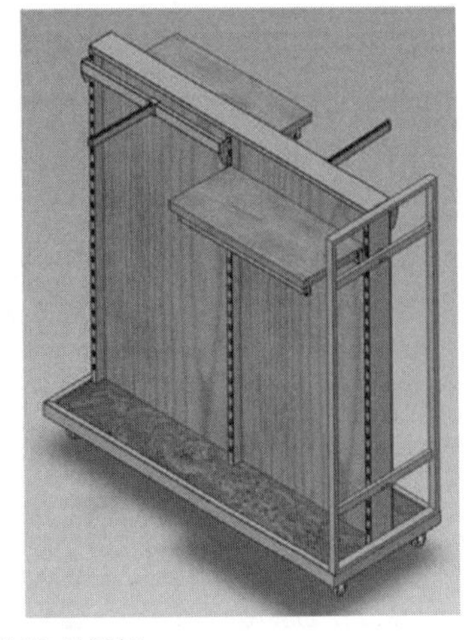

图2–3　服装陈列低架

五、衣架

衣架主要用于吊挂式陈列。一般可分为裤子衣架、裙子衣架、上衣衣架以及组合外套衣架（图2-4）。裤子衣架一般采用夹式，上衣衣架制作成肩部的曲线形式，组合外套衣架同时可以挂上衣和下装。衣架的材料一般有木材、塑料、布料以及藤编等。衣架的选用在颜色、大小、风格等方面应与服装协调搭配。

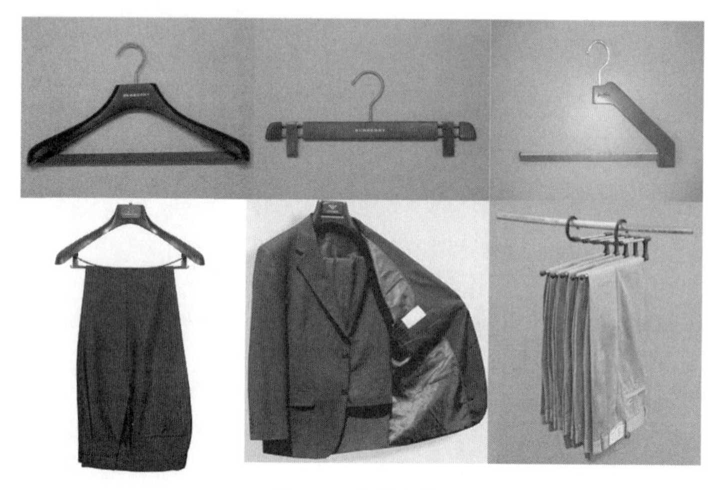

图2-4 各种衣架

六、人台和人体模特

人台和人体模特是展示最新流行的服装款式或色彩、介绍商品和提高商品价值的载体。模特有仿真和抽象类等形式。许多模特都以常见的面孔出现，姿态自然、动作逼真、手脚均符合人的关节活动原理，可以站、蹲、坐等姿态展现（图2-5）。书后彩图2-9所示为坐姿模特，彩图2-10所示为站姿模特。模特的合理运用，可营造生活场景、传达品牌理念、拉近与顾客的距离（书后彩图2-11）。因此，放置模特儿时，一定要吸引顾客的注意，与顾客产生互动。人模主要有普通模特、半身模特（图2-6）和局部模特。

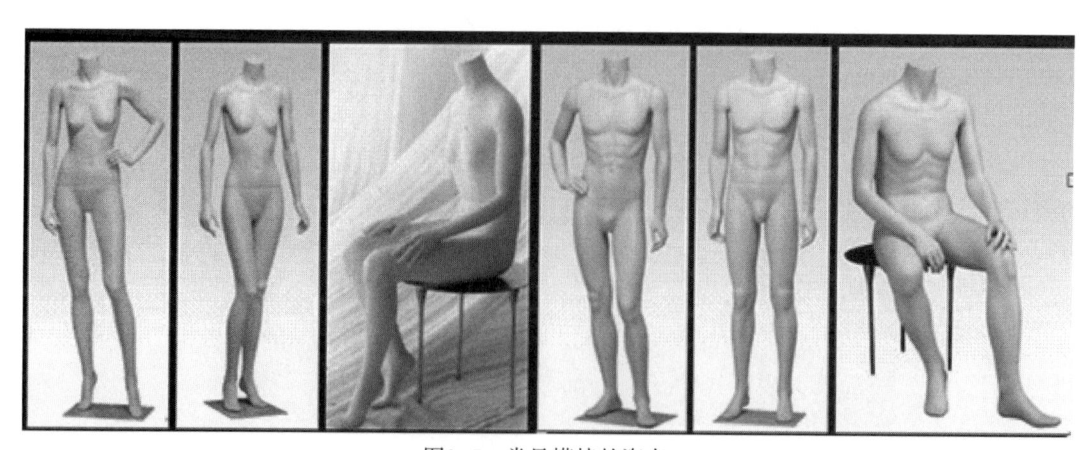

图2-5 常见模特的姿态

图2-6 半身模特

局部模特用来展示除服装类货品以外的饰品，比如颈模，一般用于展示饰品类（项链、丝巾等）货品；头模多用于展示帽子类货品；手模多用于配件首饰（手镯、手链、戒指等）；脚模多用于鞋袜的陈列（图2-7）。

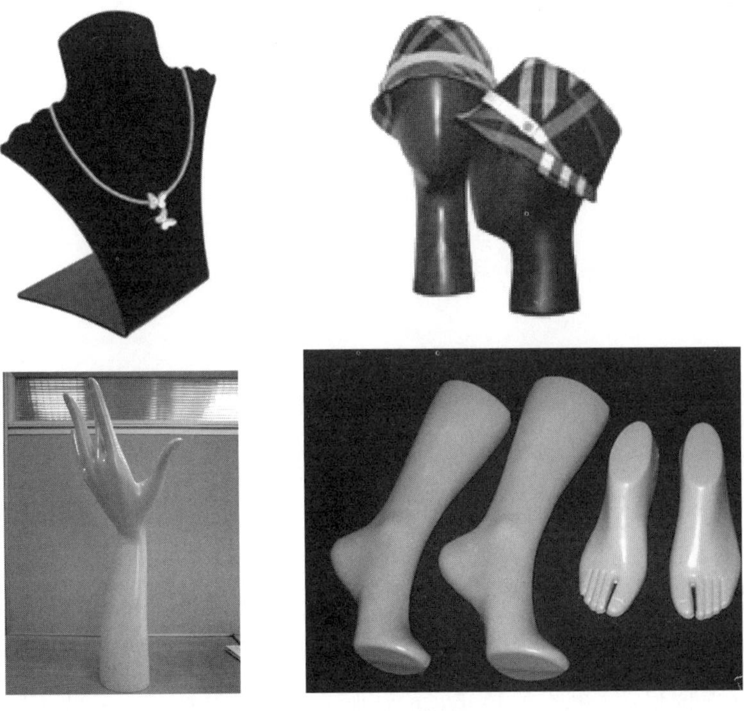

图2-7 局部模特

七、POP广告

POP即Point of Purchase，意为“卖点”。卖场里的POP广告通常作为商品标签、品牌标识之用，或用来介绍商品、促销宣传，具有简单、轻巧且易于更换的特点，一般采取悬挂、摆放、粘贴等简便的固定方式。POP广告能极大地烘托店内的气氛，刺激顾客的购物欲望。

（一）吊挂式 POP（书后彩图 2-12）

分为两面、四面或多面立体式。可单体吊挂，也可群体组合。制作材料用各种厚纸、金属、塑料均可。吊挂式POP是使用最多、效率最高的POP形式，这种设计方便易行，可使顾客产生新奇感，从而达到促销的目的。

（二）柜台式 POP（书后彩图 2-13）

放置于柜台、展台之上，附有商品的各项信息，并突出其主要特点，可有效地吸引顾客的注意力，从而突出了广告性。

（三）落地式 POP（书后彩图 2-14）

可设置于店内外和通道两边的地面上，通常可以移动，使用方便灵活，应与人的高度接近为宜。

（四）动态 POP（书后彩图 2-15）

设有动力装置使之按一定规律重复运动，充满乐趣和新奇感。

（五）贴纸 POP（书后彩图 2-16）

凡能粘贴于门窗、墙壁、柱廊和各类硬质商品上的具有广告媒介作用的印刷品，都属于此类广告。

（六）售价单与展示卡

在各种形式的陈列空间，人们往往只能看到商品，而无法对其功能、特性及价格等做全面了解。一些标明商品价格、产地、等级的售价单和说明商品特性、传递有关信息的展示卡可以为购买者提供方便，令人信服。

各种陈列工具有其自身的特点和优劣条件。因此，服装商店的陈列工具要根据商品展示量、展示效果和展示目的来选择。选择时需考虑以下几点：

（1）人体模特和人台具有立体感，能使服装商品形象鲜明、突出，并能清楚传达服装及配饰的穿着和佩戴方法。但其缺点是不能自如地取下商品试穿、试戴，更换商品不太方便，占用的空间也较大。

（2）服装吊架在服装店得以大量的使用，是因为服装吊架能展示大量的商品，顾客拿取和试穿服装也很方便。但如果顾客较多，频繁地拿取，容易造成商品混乱、店铺杂乱的感觉。桌面式的陈列工具常用来放置大量打折货物和廉价商品。其优点为可以陈列较多的货物，容易替换商品，方便顾客拿取和试穿。但桌面式展示台占用的空间较大，如果数量和位置设置不合理的话，会阻碍顾客的行动路线，而且容易造成整个卖场缺乏整理的感觉。

（3）箱柜式的展示柜能够上锁，非常适宜陈列贵重或容易受损的商品，但只能由营业员们拿取。

（4）最好选择可以移动带有脚轮的货架，以便移动和自由组合，而且尺寸最好不要太大。

选择适合于服装特性的陈列用具，不仅可提高店内的气氛和形象，更可带给顾客绝佳的印象。有些服装店店内装潢或是服装等级很高，却配上简陋的服装陈列用具，或是使用太过花哨的棚架，反而降低了服装水准。这些店往往在不自觉的情形下，暴露出窘境，让顾客产生不安全感。为了避免在更换器具时造成的时间上及金钱上的无端浪费，应谨慎选择陈列用具。

第三节　服装陈列配套设施的选择

在商品陈列中，商品是陈列演出的重点，陈列是烘托卖场气氛的手段，空间设计则是表演的舞台，三者合一才能成为完美的表演。店铺形象、橱窗、广告等是直接吸引顾客走进店里的因素，而商品的视觉刺激、陈列的优劣，才是促使顾客购买的直接因素。具体的陈列要从多方面入手，以不同的方式实现陈列效果，以达到顾客的目的。

一、服装陈列道具选择的要求

服装陈列道具选择的要求如下：

（1）道具的形状、色彩、尺寸与材质要与卖场场地配合。

（2）根据陈列服装的开放程度选择相应的道具，如封闭式货架、半开放式货架、开放式货架。

（3）根据陈列服装的放置形式选择道具，如吊挂式货架、叠放式货架、模特等。

（4）根据陈列服装的特点或季节选择道具，如对较厚重的服装，摆放货品的层板应该较厚，夏天的服装要采用玻璃层板，让消费者产生凉爽的感觉。

（5）展示柜为了陈列商品，一般不采用刺激性的色彩，以免喧宾夺主。但与商品搭配色彩时，展示柜的颜色要起到背景色的陪衬作用。如色彩鲜艳的商品，展示柜的色彩要灰；浅色的商品，展示柜颜色宜深；深色商品，展示柜色彩宜淡。

（6）商品陈列台和商品架上，需保证充足的光线，这对促进商品的销售十分重要。灯光的设置应力求使光线接近自然光，这样才不影响商品的自然色彩，一般商店照明布局采用全盘与局部并用的照明方法。在商品架、商品柜的上面和里面，都加有局部的照明灯具，以保证商品的清晰。但足够的光度并非完善的照明，商场的照明应以展示柜的位置来拟定照明的位置，而展示柜内的照明应考虑灯光的投光范围，按实际尺寸进行调整。

（7）展示柜之间的距离应保证客流的通畅，根据店铺的规模形成的人流量、经营品种的体积来测算出合理的距离，一般说主通道宽度应在1.6 ~ 4.5m，次通道宽度在1.2~2m。

二、各类陈列形式的展示要点

（一）货架服装陈列

黄金段位货架上的销售能力对于提高服装店日常销售额最为关键。根据相关调查显示，服装在陈列中的位置进行上、中、下三个位置的调换，服装的销售额会发生如下变化：从下往上挪的商品销售一律上涨，从上往下挪的商品销售一律下跌。这份调查虽然不具有普遍性，但“上段”陈列位置的优越性已经显而易见。

实际上目前普遍使用的陈列货架一般高165~180cm，长90~120cm，在这种货架上最佳的陈列段位不是上段，而是上段和中段之间的段位，这种段位称之为陈列的黄金线。以高度为165cm的货架为例，将服装的陈列段位进行划分：黄金陈列线的高度一般在85~120cm之间，处于货架的第二、三层，是眼睛最容易看到、手最容易拿到服装的陈列位置，所以是最佳陈列位置。此位置一般用来陈列高利润服装、知名品牌服装、独家代理或经营的服装，最忌讳陈列无特色、低利润的服装，这样会造成服装店巨大的利润损失。其他两段的陈列中，最上层通常陈列需要推荐的服装；下层通常是进入销售衰退期的服装，例如换季服装。

根据某一周期内顾客来购物的次数，店内货架上摆放的服装与橱窗陈列的服装也要随之定期更换。如果有代表性的顾客每月光顾两次，那么店内的货架每月就要有两次小的变化、一次大的变化。小的变化只是改变一下主要商品；大的变化则要移动货架。因此理想的货架便是能够灵活安装，无须增加太多投资即可提供多种展示方案。

利用货架的灵活性，丰富店内陈列，提高顾客的兴趣和兴奋度，需要考虑如下五个问题：

（1）货架外形方面：所有货架看上去应该风格一致，能够体现服装品牌和店铺形象。

（2）货架结构方面：货架整体应该灵活、便于调节，并能够满足不同服装长度、不同季节款式的需要。

（3）货架功能方面：货架要能充分利用空间，满足不同的色彩和款式搭配功能，最大程度展示商品。

（4）顾客便利方面：货架的组合排列应便于顾客自由选择物品，取下和放回都很容易。

（5）货架维护方面：货架一定要安全可靠，使用通用零件，便于组合安装。

（二）模特服装展示

人体模特形象逼真的特点，使服装店的各种商品得到最佳的展示，更强烈地刺激了顾客的购买欲。服装商品的陈列离不开人体模特。一般人体模特分具象和抽象两类。

具象的人体模特形象逼真，头部、腰、手、脚等关节均可活动，容易摆出各种姿态配合商品展示。具象的人体模特有两种，一种与真人的形象相同并加上皮肤的颜色和毛发。一种皮肤颜色为白色或灰色，头发造型是雕塑状，适应范围更广。

抽象的人体模特身高比例和脸、手、脚等被夸张或省略，多用于个性化的服装演示。

不同品牌的服装选择符合其品牌个性的人台和人体模特，可以更好地表现服装的气氛和主题。比如书后彩图2-17男装品牌吉牡（JIM’S）的橱窗人模，独特的胡须造型男模给人留下深刻的印象，表达了该品牌于都市风尚中优雅的气质和独特的品位。

以下是几种人模的搭配方法：

（1）在同一环境下尽量统一选用种类风格相同的人模，避免具象和抽象造型混合。

（2）选择动态人模时应符合服装的特点，如运动装可采用运动姿态的人模，表现出充满活力的一面。

（3）礼服类的人模姿态尽量端庄稳重，符合礼仪的环境。

总之，在选用人体模特时，要注意统一、美观、协调，空间的搭配有聚有散，留出空白空间，不要排列太满。

（三）橱窗服装陈列

橱窗形象是顾客认识品牌的第一印象。成功的橱窗设计，能够吸引顾客进店参观，刺激销售。一成不变的橱窗设计，久而久之便会叫人厌烦，甚至会让顾客误以为服装“卖不出去”。所以，摆在橱窗内的服装不管卖得好不好，也要保证每周更换一次。更换服装时，即使是一些小饰品，或者具有衬托作用的花饰等，都要适时以旧换新。至于色彩方面，建议经常更换，不要固定为一种色调。另外，一些“季节感”和“节日感”十足的景物，如雪、巧克力、樱花、绿叶、海、枫叶、圣诞树等，都是布置橱窗的好材料。

（四）墙面服装陈列

服装店的墙壁具有吸引顾客目光的功能，而且实际效果远超出人们的想象。陈列在壁面上的服装，要以高价位且能够表现店内品位、质感的服装为宜。善于经营的人，连壁面上方也能做到“物尽其用”。服装、绘画、照片和摆饰等，无一不是丰富壁面的素材，用它们来装饰从架子到天花板之间的部分，便会摆脱单调形象。有些店铺一旦装修好墙面之后便从不改变，说来实在可惜，平白浪费了一个宣传服装的好处所。

如果店铺规模不大，可以使用整片壁面，多放些服装，弥补空间的不足，更换壁面陈列，能够使整个店面焕然一新，增加“新鲜感”，这比起经常替换陈列架上的服装，有事半功倍的效果。

小结

合理的商品陈列可以起到展示商品、提升品牌形象、营造品牌氛围、提高品牌销售的作用。服装陈列设计应以醒目化、丰富感、简洁化、主次化、艺术性为原则，在服装陈列前，需要考虑其数量、方向等问题，才能做出正确的陈列方式。

陈列设计师是一个极具商业敏感度和管理才能的艺术工作者，应具备良好的艺术修养、专业知识和造型能力，又要具备公关协调能力和合作意识，才能正确传达服装设计师的意图，让消费者感受、理解并认可品牌理念。

为了实现店铺设计者的巧妙构思，达到预期的陈列效果，往往需要借助各种各样的陈列工具。常见的陈列工具有展示柜、展示台、饰品柜、展架、衣架、人台和人体模特、POP广告等。各种陈列工具有其自身的特点和优劣条件，只有掌握各种陈列设施的展示要点，选择适合于服装特性的陈列用具，才能提高店内的气氛和形象，带给顾客绝佳的印象。

思考题

1.服装陈列设计的原则是什么?

2.服装陈列设计的要素是什么?

3.服装陈列设计的目的是什么?

4.怎样才能成为一名优秀的陈列设计师?

5.常见的陈列工具有哪些?各自的优缺点是什么?

6.货架服装陈列的要点是什么?

7.观察服装店铺，总结不同风格的品牌所使用的陈列道具的差异。

第三章

服装陈列设计的规划和实施

课题名称：服装陈列设计的规划和实施

课题内容：服装陈列设计的规划

服装陈列设计的实施

课题时间：2课时

训练目的：让学生了解服装陈列设计的规划、陈列设计方案的制定以及计划实施的注意事项。

教学方式：讲授式教学、启发式教学、讨论式教学

教学要求：1.让学生了解服装陈列设计的准备工作、5W1H原则。

2.让学生了解服装陈列设计的预案和陈列方案的内容。

3.让学生了解服装陈列设计方案在执行中应注意的问题、陈列的检查、更新与维护。

陈列是提升商品品质感与品位的一种方法，是为终端销售服务的一种直接而有效的手段。陈列不等同于简单的货品挂样，而是要将系列产品有机组合，突出主题，充分体现产品风格与品牌文化，体现美感与档次。

一个成功的陈列空间，首先需要陈列师制定一个优秀的陈列策划方案，并通过良好的陈列操作技能把陈列策划方案演变成一种商业行为，用最准确、有效的方式将其及时落实到所有的店铺里，才能获得商业利润。陈列策划方案包括品牌整体陈列方案、每一季品牌陈列方案、主题橱窗设计方案、陈列道具设计方案等。

第一节　服装陈列设计的规划

一、陈列设计的准备工作

在设计制订各类陈列方案之前，陈列师首先要进行前期市场调研并与公司各部门沟通，主要了解如下内容（图3–1）：

（一）了解公司年度市场开发计划

公司年度市场开发计划主要包括店铺扩充数量、单店扩大面积、单店增长率的提升计划、折扣促销、赠送礼品、VIP客户管理计划、地域倾向计划、价格调整计划、广告及媒体宣传计划、上一年度本季资料等。

（二）了解设计师对新一季产品的整体设计规划

在国内服装企业中，服装设计的工作架构及操作流程相对较完整，公司各部门的运营都是围绕着产品的研发、设计、推广、销售进行的。而陈列师要用橱窗、卖场、道具等陈列手法去体现服装设计师的作品，因此陈列师与服装设计师的沟通尤为重要。在做整体陈列策划方案的时候，与产品设计方案的主题保持一致是必须遵守的原则。

（三）了解新一季的面料订货及生产安排表

服装品牌每一季的面料订货种类通常比较繁多，有时数量会超过百种，此外面料的成分、订货量的多少、到货日期、针对面料的设计方向等都是陈列师必须掌握的信息。陈列师应该按照公司的生产安排与其他部门沟通，了解该产品系列的面料、服装组成和上市时间后，卖场的大体布局构思就应运而生。

（四）了解当季库存成衣数量及清减计划表

成衣库存分为销售较好的畅销库存和销售不好的滞销库存。如何将卖得不好的款式与新一季的货品重新组合，带动滞销库存的销售，是陈列设计师必须考虑的。陈列师有责任通过自己的二次陈列搭配、组合设计为公司清减成衣库存。比如增加上衣、裤装与配饰的组合搭配方案等。

（五）收集品牌店铺信息

品牌店铺信息包括店铺陈列布局平面图、立面图、实景照片、道具分类统计明细（模特、展架、货柜等）。随着品牌的发展，店铺数量不断增加，各个店铺的布局会有所变化，道具、模特等陈列用具也都在不断地调整，因此，陈列师在整理店铺资料和建立档案时，一定要不断更新，并从陈列的角度出发，侧重收集和整理，对每个店铺的基本状态了如指掌。

（六）了解时尚流行资讯

服装产品具有极强的流行性，每一季服装都会涉及新的流行色彩、流行元素等。陈列的宗旨之一就是能准确、一目了然地表现出每一季产品系列的变化。陈列的方案、手法也要以推动流行为目的。要使陈列效果跟上流行趋势，就要不断掌握新的流行趋势，掌握最新的流行陈列形式。陈列师在了解当季流行趋势的基础上，积极地搜集每一个流行元素，做到对每一季的流行元素能够灵活运用，这样才能将设计师的想法用具体的陈列形式体现出来。

（七）了解消费者生活方式

随着现代社会生活的节奏越来越快，人们更加向往休闲自在、人性化的生活状态。网络、手机、汽车的普及，都预示着人们生活方式的改变，这些都会对服装以及陈列产生影响，所以把握消费者生活方式和追求的生活理念的变化趋势，有利于陈列师更好地把握服装陈列的尺度。

（八）了解消费者购买趋势

消费者每一次购买行为的产生、发展、直至结束，都不是一件简单的事情，在发生购买行为的整个过程中，消费者为什么买、在哪里买、在什么时候买都有心理活动的作用，卖场陈列对消费者购买心理的影响又是非常微妙的。什么样的购物环境是消费者感觉舒适的，怎样的橱窗形象能够吸引消费者的注意并产生美好的联想，消费者购买该服装品牌是出于求实、求新或求名的心理倾向等不仅仅是销售人员应该了解的内容，陈列师也同样需要关注。

图3-1　陈列师应调查了解的内容

二、陈列的5W1H原则

陈列展示是品牌与消费者之间的一种信息交流，这种信息交流的终极目标可以总结为六种元素来帮助我们进行产品陈列设计的定位，一般称为5W1H原则。5W1H原则既是陈列设计的先决条件，也是陈列设计应遵守的原则。

（一）Who——卖给谁——描述顾客定位

确定顾客群的年龄和职业，了解他们的兴趣爱好和着装习惯。根据顾客的生活方式做橱窗展示和服装搭配。

（二）What——卖什么——分析商品计划

今年流行什么样的商品，采用何种搭配方式。

（三）When——什么时候展示——分析销售周期

在不同的季节和特定的节假日制订专属的陈列方案，吸引顾客驻足，刺激他们消费。

（四）Where——什么地方展出——分析店铺空间

橱窗、展桌、衣架、货架或者是研究店铺的热点和死角，根据不同的位置展示不一样的商品。

（五）How——怎么样展现——分析陈列表现手法

什么样的橱窗或墙面展示，对称法、均衡法还是重复法，通过不一样的表现手法达到想要表达的效果。

（六）Why——为什么要如此展出——分析作出以上陈列规划的逻辑

为何要这样陈列，为了突出某个季节、风格、主题，或推广某项活动，把陈列的目的传达给顾客。

三、陈列设计预案

（一）陈列前的分析

陈列设计师对前期准备工作所了解的相关事项做出全面的分析，包括：

（1）品牌定位分析（时尚度、价格、推广方式、目标客户群体、品牌文化等）。

（2）产品分析（设计风格、产品的广度和深度等）。

（3）消费者分析（消费者定位、消费习惯、购买趋势等）。

（4）竞争对手分析（竞争对手优劣势对比等）。

（5）销售数据分析（销售金额、库存等）。

（6）营销计划分析（产品上市波段安排、公司各阶段的销售目标、相关促销活动、新店开业情况等）。

（二）制定陈列预案

陈列预案的主要内容为：

（1）陈列的主题和整体形象风格。

（2）陈列突出的产品特性。

（3）陈列突出的品牌形象。

（4）陈列采用的展示、陈列方法及组合。

（5）陈列使用的展示工具。

（6）陈列实现的场景氛围。

（7）陈列采用的艺术表现手段，如色调、装饰和结构设计等。

（8）陈列使用的灯光、音乐和道具。

四、陈列设计方案

完成陈列设计预案之后，开始进一步制定陈列设计方案。陈列设计方案的内容应包括：

（1）分析整理陈列的品牌产品的具体情况（款式、色彩和面料）。

（2）分析品牌Logo、产品包装的特点。

（3）分析已有的产品陈列记录。

（4）从整体思路出发，确定整体布局和各部分细节的表现方式，包括：展示空间结构、产品陈列位置和相互间的关系、展台和人体模特儿的位置、形式等。

（5）确定氛围的表现方式，包括灯光，道具等。

（6）统一货架的陈列规范，包括色彩原则、对称原则、均衡原则、分区原则等。

（7）统一陈列细节规范，包括衣钩、衣架的使用规则、价签的使用规范、POP广告的摆放规范、灯光的照明规范等。

（8）绘制设计草图，并对其进行调整、修改，完成最终的卖场平面设计效果图，图3-2所示为某服装品牌平面设计效果图之一。

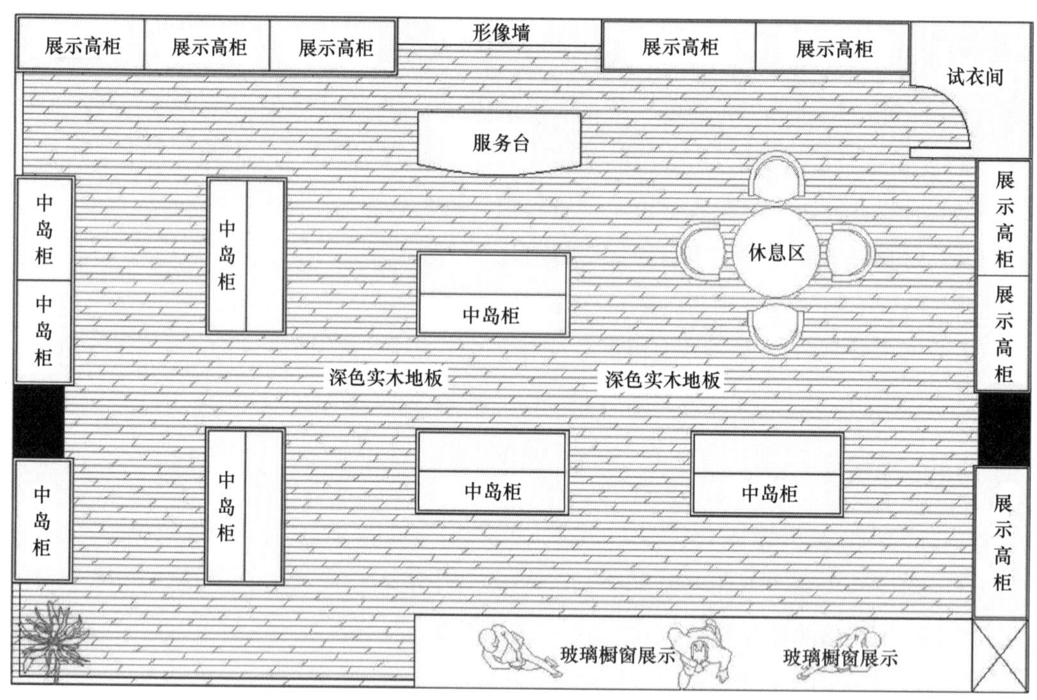

图3-2 某服装品牌专卖店平面设计效果图

第二节 服装陈列设计的实施

一、方案执行

确定陈列设计方案后，设计师需要将总体设计方案中的各种构思和规划付诸实施，深入细化。陈列方案的实施过程中，要注意以下三个方面的问题：

（1）陈列方案的基础标准以及应注意的问题和规则，例如衣架等距、衣钩朝向一致、卖场保持清洁和常规道具的使用方法。

（2）陈列方案要有创意，常变常新，对于橱窗的设计、当季款式及色彩搭配、服饰的综合展示等，陈列师要事先准备多套方案，让品牌时刻保持新的面孔。

（3）由于每家店铺的空间结构、人文环境、客户群体、配货情况都有所区别，所以每家店铺的陈列也应该有所不同。比如某一品牌的一个系列，分到下属的店铺中，在统一的陈列指导下，至少会有三四种不同的搭配变化。

陈列须备有钉枪、订书针、螺丝刀（一字、十字）、普通螺纹螺丝钉、卷尺、美工刀、剪刀、粗鱼线、双面胶、塑料扎带等工具。钉枪主要用来钉背板、侧板包布等，鱼线用来吊挂橱窗挂画及吊牌海报等，收银台背景画及一些其他海报可用双面胶粘贴固定。

二、陈列的检查与更换标准

陈列是一项日常性的工作，需要长期保持、维护、发展和创新。陈列方案实施之后，要及时监督、调查陈列的效果，并且对陈列方案的平面图、立面图和实景照片等进行记录和存档（书后彩图3-1为平面效果图，书后彩图3-2为店铺立体效果图）。因为消费者总是喜欢变化，对于一成不变的事物会感到厌烦，因此陈列需要不断地把握大众潮流，定期对店铺陈列进行检查和更换，把得体时尚的搭配展示给消费者。

三、陈列维护的重要位置

1.招牌

招牌是店铺的脸面，所以招牌的清洁和醒目很重要。

2.橱窗

橱窗是店铺与顾客交流的主要途径，所以一定要注意橱窗的整洁与卫生。挂画或道具有损坏应立即修补或撤换；展示的商品必须及时整理，在消费者面前时刻保持最好的一面。

3.展示台

展示台是卖场的焦点，所以需要不断整理销售当中被顾客弄乱的陈列品、促销品，恢复整洁外观，保持店堂形象。

4.模特

模特样品要保持干净。模特的底座和顶部是最容易看见灰尘的地方，所以要经常检查。

5.货架

货架上的货品应充裕，色调整齐、统一，搭配合理。污渍货品或次品，不可至于货架上，若有微小瑕疵，修复后才能够在卖场展示。

6.地面

卖场地面保持清洁干爽。门口地板胶垫保持位置端正，有损坏应立即更新。

7.收银台

收银台较容易脏乱，所以要保持整洁，不能乱放杂物。

8.试衣间

试衣间是顾客试穿服装并决定是否购买的地方，所以为了给顾客留下良好印象。试衣间一定要清洁卫生，光源合适并且凳子、拖鞋、发梳等物品齐全会更加便于顾客试装。

9.标价牌

标价牌是反映货品价值的物品，一定要安放整齐，保持平整。

小结

一个好的陈列空间首先需要一个优秀的陈列策划方案，在设计各类陈列方案之前，陈列师首先要进行市场调研活动并与公司各部门沟通，了解公司年度市场开发计划、设计师对新一季产品的整体设计规划、新一季的面料订货及生产安排表、当季库存成衣数量及清减计划表、品牌店铺信息、时尚流行资讯、消费者生活方式、消费者购买趋势等。

掌握陈列的5W1H原则有助于我们进行陈列设计的定位。陈列设计师了解相关事项做出全面分析后，首先制定陈列预案，然后进一步制定陈列设计方案；确认陈列设计方案后，设计师需要将总体设计方案中的各种构思和规划付诸实施，深入细化；方案实施之后，要及时监督、调查陈列的效果和做好陈列的维护工作。

思考题

1.制作陈列方案之前，陈列设计师需要了解哪些内容？

2.陈列的5W1H原则是什么？

3.服装陈列方案应包括哪些内容？

4.简述陈列维护的重要位置。

5.制作一份陈列设计方案，完成设计草图。

第四章

卖场空间设计

课题名称： 卖场空间设计

课题内容： 卖场空间设计的原则

卖场构成

卖场空间规划

卖场中的人体工程学设计

课题时间： 4课时

训练目的： 让学生了解服装卖场的空间构成以及人体工程学设计对服装卖场的作用，使学习者能够对卖场的空间规划有更深的理解。

教学方式： 讲授式教学、启发式教学、讨论式教学

教学要求： 1.让学生了解服装卖场空间设计的原则。

2.让学生认识服装卖场的空间构成要素，学会合理规划卖场空间的布局。

3.让学生了解人体工程学要素中的尺度要素、生理要素和心理要素对服装空间设计的影响意义。

第一节　卖场空间设计的原则

服装卖场是服装品牌企业、销售部门及个人按照一定的功能和目的，借助商业空间装饰、照明、陈列等手段，营造出商业空间环境，有计划、有目的地将服装服饰展现给顾客，并力求对顾客心理、思想与行为产生相应的影响，最终说服消费者完成购买行为的场所。服装展示的效果与卖场空间设计有密切联系，一般来说，服装卖场空间设计应遵从以下原则（图4–1）：

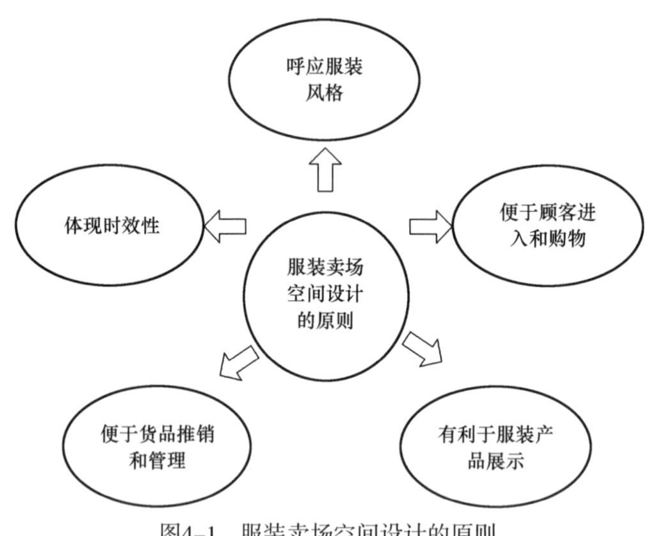

图4–1　服装卖场空间设计的原则

（一）卖场空间设计需要呼应服装风格

服装卖场空间设计的宗旨是体现品牌风格、衬托品牌主题，并将二者很好地融合。如果店铺的环境设计与服装风格脱轨，就会给人带来不伦不类的印象，既不能体现自身独特的风格个性，也无法向目标顾客传达品牌背后演绎的生活概念和文化理念。所以，服装的风格决定了店铺的空间环境设计。

（二）卖场空间设计应便于顾客进入和购物

规划吸引顾客的入口，明确主通道，明确行走路线。店内的空间要体现出空间感和纵深感，入口与通道宽敞顺畅，方便顾客自如出入、浏览与购物。店内的通道、灯光、陈列架的布置要符合人体工程学的基本原理。

（三）卖场空间设计应有利于服装产品的展示

卖场的设计应有利于服装产品的展示和陈列。服装是时尚性、流行性极强的物质载体。服装卖场大到整个卖场空间，小到一个展柜，甚至一个衣架的造型、风格特征都应有较高的设计水平和艺术审美价值，并能充分体现时尚。服装商品陈列空间货量应适当，货品摆放要一目了然，还要考虑货柜之间的组合，即货架的摆放要方便陈列的组合展示，使其借助形象化的设计语言，实现与顾客的沟通，向顾客传达产品信息、服务理念和品牌文化。

（四）卖场空间设计应便于货品推销和管理

空间的设计要突出主推的产品，吸引消费者的注意力，同时分析消费者的购买习惯、更好地推销货品和管理日常事务。比如试衣间旁边的配饰陈列可以帮助店员搭配服装，促进连带销售；将收银台、试衣间放在卖场的后半部，可以增加货品和钱款的安全性；在收银台旁边陈列饰品，不仅便于管理，利于销售，也为顾客排队等候带来一点乐趣。

（五）卖场空间设计应体现经济性和有效性

服装展示空间设计应合理规划展示空间，最有效地利用空间，达到信息的高效率传达和经济适用的完美结合。

第二节　卖场构成

服装卖场是展示品牌整体形象、方便顾客购物的主要场所。服装卖场要想吸引顾客，不仅要有美观、时尚的产品，还要有一个规划合理的卖场空间。专卖店应根据经营性质、商品的特点和档次、顾客的构成以及地区环境等因素来确定卖场的总体设计风格。规划卖场前要了解一个卖场的主要组成元素以及基本的功能，图4-2所示为卖场的平面示意图。根据服装在卖场中的销售流程将卖场划分为两个部分：店面外观和店内空间。

一、店面外观

店面外观是在公共区域呈现的店铺形象，是顾客对店面产生“第一印象”的重要环节。它的功能是在第一时间告知顾客服装店面产品的品牌特色、服装店面的营销信息，使顾客“一见钟情”，吸引其进店。店面的外观主要包括：门面外观、招牌、出入口、橱窗、招贴广告等。

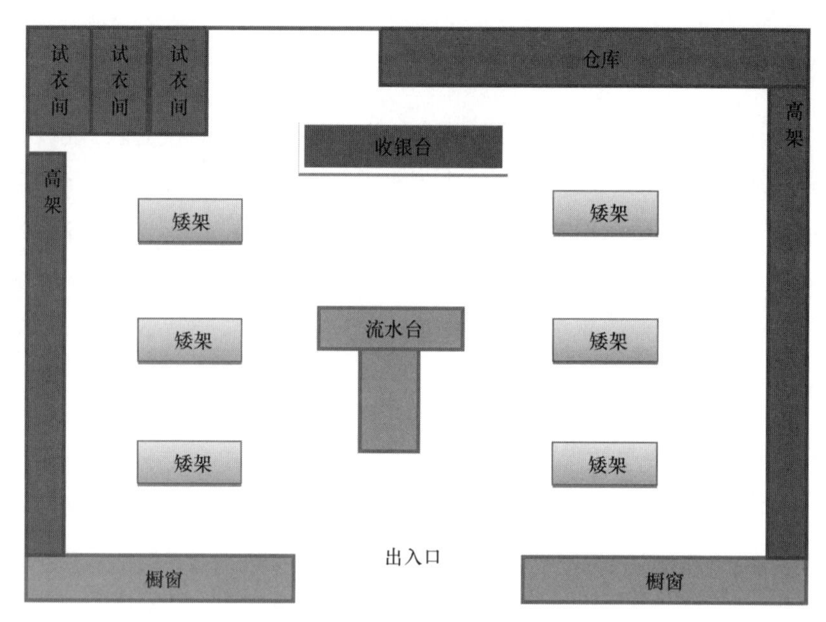

图4-2　卖场平面示意图

（一）门面外观

门面外观是卖场给人的整体印象和感觉，好的外观设计既要体现该服装品牌的档次，又能体现其个性理念。书后彩图4-1所示为韩国服装品牌维尼熊（Teenie Weenie）的店面外观。

（二）招牌

招牌是店面最主要的形象和装饰要素，通常由品牌标识或图案组成，用以吸引顾客，起着招、示的作用。招牌好坏除了店名因素外，还要考虑字体的选择和完整，样式应做到新颖、醒目、简明、美观，能够引起顾客的注意，招牌的位置应该使顾客在不同的角度和距离都能清晰地看到。书后彩图4-2所示为知名服装品牌普拉达（Prada）的招牌，远距离就能给人强烈的视觉冲击力。

（三）出入口

通常服装店的出口和入口是合二为一的。不同的品牌定位，其出入口的大小和造型也有所不同。在规划卖场的出入口时，首先要考虑到功能性和安全性，保证出入通畅、方便顾客浏览。书后彩图4-3所示为韩国女装品牌Voll的出入口设计。

（四）橱窗

橱窗既是门面总体装饰的组成部分，又是品牌形象的第一展厅，橱窗展示这种综合性的广告艺术形式以该品牌当季主打商品为主，巧用布景、道具，以背景画面装饰为衬托，配以合适的灯光、色彩和文字说明，进行商品介绍和宣传。橱窗是消费者在进入商店之前最先看到的位置，橱窗的设计与宣传对消费者的购买情绪有重要影响，对产品的销售以及企业的文化传播起着举足轻重的作用。好的橱窗布置既能起到介绍商品、指导消费、促进销售的作用，又可成为吸引过往行人的艺术佳作。

服装专卖店的橱窗一般由模特或其他陈列道具组合表达某一主题，形象地传递品牌的设计理念和服装店面的销售信息。书后彩图4-4所示为知名品牌迪奥（Dior）的橱窗设计。

（五）招贴广告

招贴广告主要由图形、色彩、文字三部分组成，文字部分作为一种特殊的书面写作表达形式，肩负着传达营销信息的重要任务。书后彩图4-5所示为品牌依恋（Eland）的招贴广告。

二、店内空间

店内空间是直接进行产品销售活动的地方，也是卖场营销的核心，店内空间的设计目的是突出商品特征，使顾客产生购买欲望，同时便于他们挑选和购买。通常情况下，店内空间主要由商品空间、顾客空间、服务空间三个基本部分构成。书后彩图4-6所示为服装品牌LEE的店内空间。

（一）商品空间

商品空间指陈列展示服装商品的场所，主要包括货柜、货架的定位及其材料与形状的选择。设置商品空间是为了方便顾客挑选、购买商品，刺激销售。商品陈列区的各个部分相互关联、互补，有助于达到最佳展示效果。

（二）顾客空间

顾客空间指顾客参观、选择和购买商品的地方。该空间要方便、通畅，帮助顾客充分接触商品。服装专卖店的顾客空间与通道的规划密切相关，通道设置的合理性、货架摆放的有序性、空间的舒适性都是增加顾客停留时间，促进消费的重要影响因素。

（三）服务空间

在市场竞争越来越激烈的今天，为顾客提供更好的服务，已成为众多品牌的追求。服务空间是商家为了满足顾客消费需求所提供的场所。根据不同的使用功能，服务空间可划分为试衣区、收银台、休息区、后台管理区等部分。

1.试衣区（书后彩图4-7）

试衣区是供顾客试衣、更衣的区域。试衣室包括封闭式的试衣室、半封闭的试衣室和设在货架间的试衣镜。从顾客在整个服装店面的购买行为来看，试衣区是顾客决定是否购买服装的最后环节，所以具有关键作用。试衣区通常在销售区的深处和卖场的拐角，一方面避免造成卖场通道的堵塞，另外一方面可以有导向性地让顾客在去试衣间时能穿过整个卖场，经过更多的产品展柜、展架，为其他产品的销售制造机会。

2.收银台（书后彩图4–8）

收银台是顾客付款结算的地方，通常设在卖场的后部。从服装店面的营销流程上看，它是顾客在服装店面中购物活动的终点。但从品牌的服务角度看，它又是培养顾客忠诚度的起点。收银台既是收款处也是一个服装店面的指挥中心，通常也是店长和主管在服装店面中的工作位置。

3.后台管理区

后台管理区包括仓库和员工休息区。无论是大型商业中心的服装专卖店还是街边独立店，一般都会在卖场附近设立仓库，储存少量产品。仓库的大小设置以及货品存储量的多少，主要依据服装店的每日营销情况、产品补货需求以及面积是否充裕而定。在营销面积小的服装店中，服务员休息区往往和仓库设置在一起。后台管理区应注意相对的封闭性，尽量不要让消费者直观地看到这一区域。

在不影响商品空间的情况下，尽量确保服务空间整洁、宽敞、通畅，给人以愉快的感受，目前，许多品牌专卖店还给顾客专门设置了休息区、体验区（书后彩图4–9），加深顾客对该品牌文化和实力的感受。

第三节　卖场空间规划

服装卖场空间规划是在总体服装展示设计方案的指导下，根据品牌定位和产品风格确立展示基调。各个空间的形态、大小、位置以及各空间的关联过渡，要充分考虑展示的各项尺度，为合理规划店面外观，商品空间、顾客空间、服务空间确定科学依据。

一、出入口的规划

一般而言，门面宽广、开放的卖场容易吸引顾客。尤其是对于低档、中档品牌而言，开放又宽广的门面能使人自由自在的购物，心情亦会随购物而感到畅快。但是对于高档品牌而言，为了制造神秘感、高贵感，让顾客体会到优越感，最好采用封闭式或较为窄小（一般是2~5股人流通过即可）的门面。一般情况下，出入口的设计原则为：

（1）出入口宽度不能少于2m。

（2）出入口要依据行人的流动路线设计。门口方向应开在行人较多，路径最通畅、最吸引人的地方。要能通过出入口清楚地看到店铺的内部，所以内部陈列要有强烈的吸引力，才能将顾客吸引进来。

（3）为方便顾客进入，清除店铺门前一切干扰物品。

（4）有玻璃门的店铺应尽量把门打开，门槛应与地面高度持平。

二、通道的设计

通道是指顾客在专卖店内购物行走的路线，通道设计的好坏直接影响顾客购物的顺畅程度。

（一）服装专卖店常见的通道形式

1. 直线式

通道呈直线相交，店内结构整齐、商品陈列整齐美观。直线式通道能够创造出一种富有效率的气氛，易于采用标准化陈列的货架，但容易丢失商品，且在顾客较少的情况下，容易形成一种冷淡的气氛。

2. 自由流动式

顾客可以自由浏览商品，随意穿行在各个货架或柜台，便于看到较多的商品，且气氛活跃，从而增加购买机会。

（二）通道设计的原则

（1）根据店铺营销的目标和商品的布局陈列设置通道、引导顾客流动。

（2）观察顾客主要入店方向，并参考中国人左上右下的浏览习惯。

（3）应以顾客惯常行走的路线来设计通道。

（4）流动路线应开放通畅，使顾客轻松行走。

（5）引导顾客按设计的自然走向，步入卖场的每一个角落，尽可能多地接触商品，消灭死角和盲点。

（6）通道设计既要“长”得留住顾客，又要“短”得一目了然。

（7）合理安排通道的灯光和附近陈列，使通道看起来明亮整洁。

卖场通道的设计既是分割店内空间的界限，也是卖场人流、货流畅通的保障。消费者喜欢在宽敞的区域内尽可能舒展地活动，因此，通道的宽窄是否适宜会直接影响顾客的购买欲望。主通道用于连接不同的购物区，通道应宽敞，能容许2个人并肩通过，其宽度应保持在1.8~2.5m左右。这样才能使顾客在挑选商品时不妨碍其他顾客的通过。绝大多数的顾客都要经过店内的主通道，因此，主通道两侧的商品展示不仅对销售产生很大影响，而且也往往决定商品的整体印象和信誉。主通道两侧应该陈列具有视觉冲击力的商品、顾客消费量高的商品和主推商品，切忌使用过多、过密的模特，保证店内良好的通透性。辅助通道用于连接购物区不同商品项目区，能容许2人侧身同时通过，宽度应在1.2~1.8m左右。图4-3所示为卖场通道的示意图。

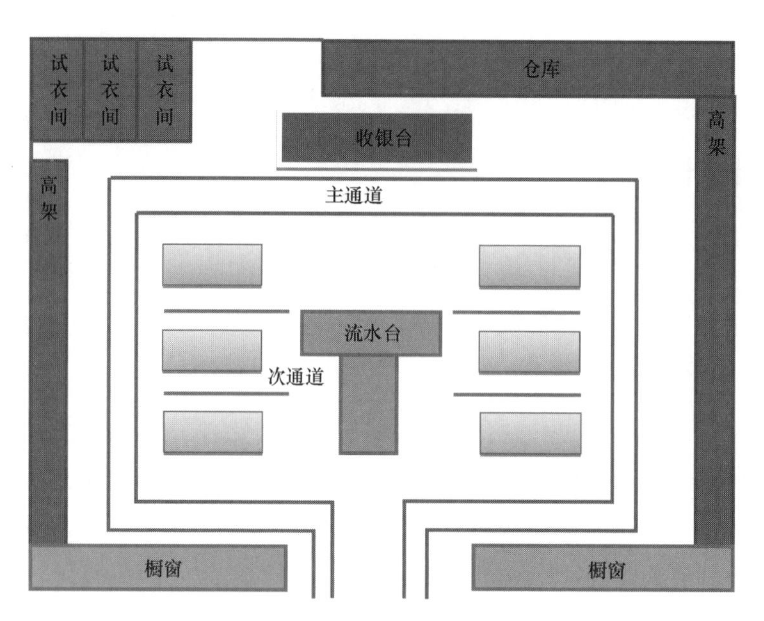

图4-3 卖场空间的通道设计

三、视觉区域的划分

以图4-4某服装卖场的三维空间图为例，依据不同的功能和位置，将视觉区域划分为视觉艺术空间、重点销售空间和陈列空间。

图4-4 卖场三维空间图

（一）视觉艺术空间（Visual Presentation, VP）

在商场内，首先进入顾客视线的地方是橱窗或展台，如图4-5所示。商店为了吸引顾客的视线在视觉艺术空间进行品牌展示、宣传活动，是商店经营战略的表现，所以应该对其有计划地、系统地规划。VP是整个店铺最大的氛围景观，因此应注重情景氛围的营造，强调设计主题及该品牌所营造的生活方式，所以此处的主题表现比陈列技巧更重要。

图4-5　品牌展示空间（VP）

（二）重点销售空间（Point of Sale Presentation, PP）

顾客来到卖场后，能够让其视线停留更长的时间从而达成销售的地方就是重点销售空间。如图4-6所示，这一区域通过对畅销商品及主推商品进行宣传来吸引顾客，一般指墙面的上段部分、货架的上方和使用陈列道具的位置。多注重商品的系列感及相互搭配。

图4-6　重点销售空间（PP）

（三）陈列空间 (Item Presentation, IP)

VP吸引顾客视线，诱导他们走入卖场；PP使顾客再次被吸引，产生联动性消费联想；陈列空间IP是达成销售的最终目的地。这一空间一般是指PP的周边、侧挂架及叠装等，如图4–7所示。IP要求陈列整齐，井然有序，品类与品类之间搭配性要强，消费者容易看到并容易选择，是整理分类陈列的项目空间。

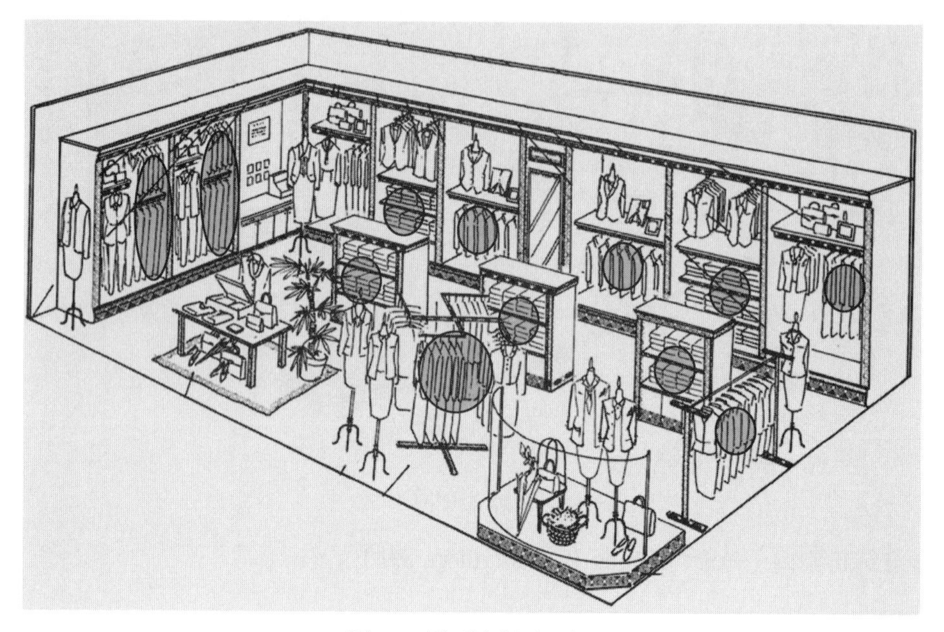

图4–7 陈列空间（IP）

VP通过橱窗或入口流水台呈现品牌的主题，PP在墙面的上段部分或道具、货架的上方，表明商品的卖点，最后通过IP陈列多样化种类的商品，使顾客容易看到、拿到并选择。三者有效组合，通过形象而又科学的视觉效果促进销售战略（书后彩图4–10、彩图4–11）。

第四节 卖场中的人体工程学设计

人体工程学是一门研究人与机械及环境的关系的科学，人体工程学又叫人机工程学或人机工效学，是第二次世界大战后发展起来的一门新学科。它以人体测量为基础，提出了在视觉、运动性以及心理反应等方面的设计规范。在展示空间中，人的行为包括走、立、观看、蹲、跳跃、拿取等基本动作，因此了解人体在展示空间中的行为状态、活动范围和适应程度，是确定各项空间设计和展具设计的依据。而这个依据就是人体工程学。

人体工程学应用于展示陈列设计中主要表现在两个方面：展示设计中各种空间的尺度如何适应人体的需求；展示设计中的尺度、光照、色彩如何更好地适应人的视觉。因此，服装展示设计中的人体工程学要素包括尺度要素、生理要素和心理要素。

一、展示中的尺度要素

人体尺度是人体工程学最基本的内容，环境是为人服务的，因此必须在各种空间尺度上复核人体的尺度。人体尺度一般是反映人体活动所占得的三维空间，包括人体的高度、宽度和胸部前后径以及各肢体活动时所占的空间。服装展示设计中的人体尺度包括静态尺度和动态尺度。静态尺度又叫结构尺度，是人体处于相对静止的状态（静止站立或坐着）所测量到的各种尺度。动态尺度是人体处于某种运动状态下所测量到的尺度，重点是测量执行某种动作时的行为特征和占有的空间尺度。

不同的人其人体尺度是有差异的，人体测量就是通过对许多人测量后，运用数理统计的方法对数据进行分析和处理，总结其分布规律，最后用平均值来确定一个群体或一个地区区别于其他群体的独有特征。服装卖场展示设计要以平均值为主要依据，根据静态尺度和动态尺度来设计展具、展品的高度、顾客活动的三维空间范围等。展具、展品与人之间的关系应是相互协调的、合理的。例如：商场的陈列架如果过低或过高，人就无法方便获取，如书后彩图4-12所示。

与服装展示陈列有密切关系的尺寸有：身高、眼睛的高度、垂直手握高度、最大的人体宽度、最大人体厚度、肘部高度等。

（1）身高：身高是指人身体直立、眼睛向前平视时从地面到头顶的垂直距离。这个数据可以用于确定服装卖场中能保证所有顾客都安全通过的门和通道的最小高度；适合多数人观看并拿取方便的服装展示架的高度（图4-8）。

（2）眼睛的高度：眼睛的高度是指人身体直立，眼睛向前平视时，从地面到内眼角的平视距离。这个数据可以用于确定人的视线的高度，可以根据这个高度来布置展品的高度。在卖场中，由于人与服装展品的距离不同，可视高度是变化的，离展品近，可以看到细节，但视野不宽阔，离展品远，可视度高，但看不到细节。因此在卖场设计时，应把宣传性的展品放在高处（图4-9）。

（3）垂直手握高度：垂直手握高度是指人站立、手握横杆，使横杆上升到不使人感到不舒服或拉得过紧的限度为止，从地面到横杆的垂直距离。这个距离可以确定衣帽架、陈列架高度（图4-10）。

（4）最大人体宽度：最大人体宽度是指两个三角肌外侧的最大水平距离，这个数据可以用于设计门、出入口和通道的宽度（图4-11）。

（5）最大人体厚度：最大人体厚度一般为胸（或腹）部厚度。可以帮助确定门、出入口以及试衣间中人在各种姿势时而考虑的数据（图4-12）。

（6）肘部高度：肘部高度是指从地面到人的前臂与上臂接合处可弯曲部分的距离。这个尺寸可以确定展示柜台、收银台以及其他站着使用的工作表面的舒适高度（图4-13）。

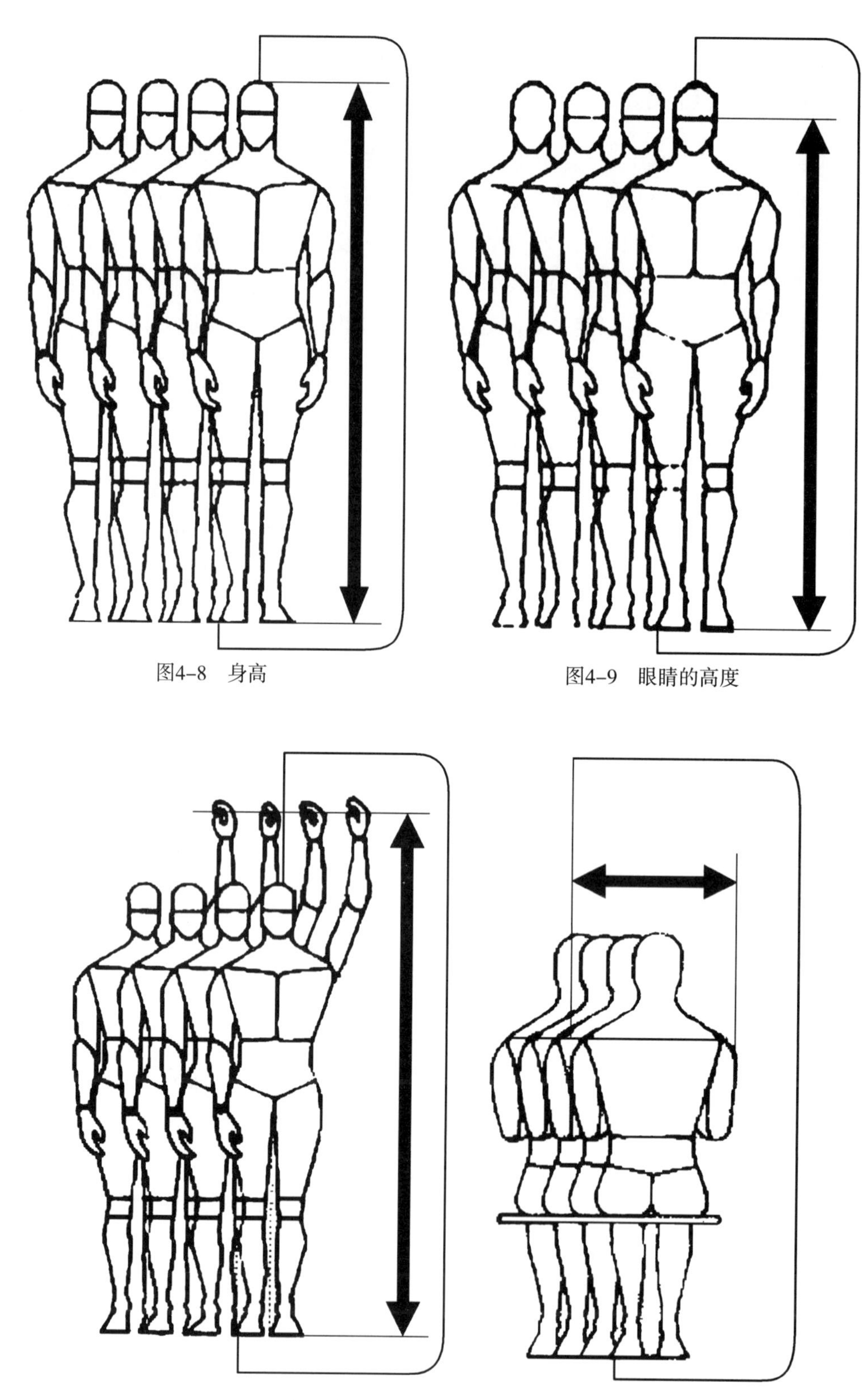

图4-8　身高

图4-9　眼睛的高度

图4-10　垂直手握高度

图4-11　最大人体宽度

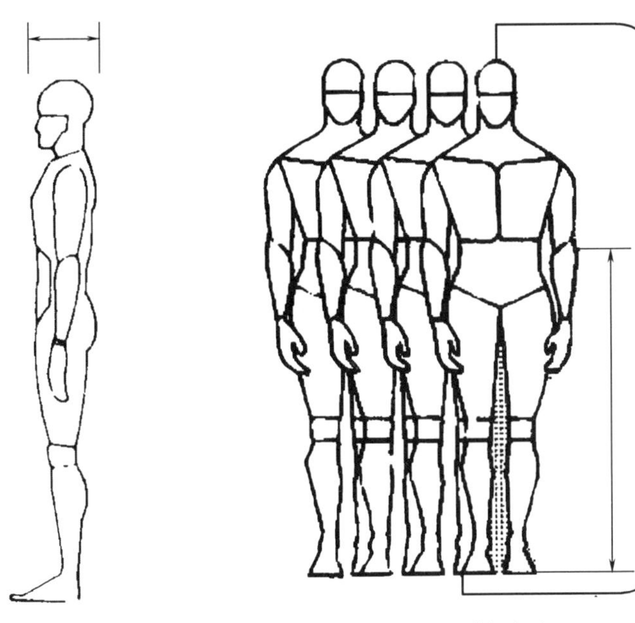

图4-12　最大人体厚度　　　　图4-13　肘部高度

由于国度、地域、人种、职业、性别、年龄等方面的差异，人体的尺度之间也存在差异。例如在卖场里经常分男装区和女装区，所以应该考虑到男性人体尺寸和女性人体尺寸之间的差异。根据2000年国民体质检测公报的数据，我国成年男性平均身高为169.7cm，成年女性平均身高158.6cm，根据顾客在货架前常规的观看距离和角度，有效视线范围一般为高度70~180cm。根据这个数据把货架划分为三个区域：印象陈列空间（180cm以上），该区域取物不方便，一般要抬头观察，所以通常陈列一些广告海报、配饰、展示用的服装等；主要陈列空间（70~180cm），此区域是顾客最容易看到和取物的地方，是货架中的“黄金”区域，陈列主推服装；搭配陈列空间（70cm以下），此区域只要放置一些搭配的产品或一些销售储存的货品（图4-14）。

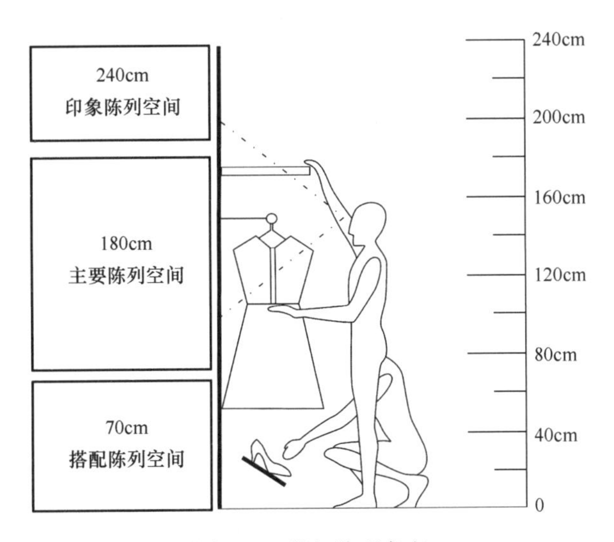

图4-14　货架陈列高度

服装展示设计还应考虑在不同空间与围护的状态下人们动作和活动的安全，例如，人流通道宽度的设计，一般单人行走所需尺寸是76~90cm，双人通道两人并肩互不接触所需尺寸是140~170cm，三人通道所需尺寸是200~240cm。

二、展示中的人体生理因素

（一）视觉因素

视觉是人类最重要的感知能力，服装展示活动主要通过视觉来观察服装的颜色、形状、大小、面料等多方面的信息。

1.视野

人的头部和眼球固定不动的情况下，眼睛观看正前方所看到的空间范围，一般称为静视野，眼睛转动所看到的称为动视野，常用角度来表示。视野是视觉空间设计的空间依据。一般情况下人眼视觉在（水平或垂直）1.5°左右，其分辨力最强。在实际的卖场空间设计中，要考虑顾客走动的视野范围：当顾客走进货柜时，人的有效视野范围是49.5°，在这个位置应陈列重点推荐的产品。在这个视野范围之上要陈列展示样品，因为高处对于处在入口处的顾客来说是有效视野，看到的是整体效果。

2.光感

光感是指眼睛对光的感应力。眼睛是非常敏感的，灯光过强，会使人精神紧张、眩晕；灯光过暗，则使人觉得沉闷、压抑。因此在卖场中要进行灯光强弱、明暗、颜色的合理搭配。一般来说，在卖场设计中，如果希望某件产品更容易被人们察觉到，就要加大它与背景的对比，增大光的面积。处理好灯光与背景的关系，不仅能够利用灯光效果告知顾客哪些是重点产品，又要符合卖场氛围，让顾客能够在舒适的环境中精心挑选。

（二）听觉因素

听觉是仅次于视觉的重要感觉通道。它在人的生活中起着重大的作用。空气振动传导的声波作用于人的耳朵产生了听觉。服装卖场空间的听觉环境主要是指噪声、音乐、销售人员的声音。根据不通的客流量、不同的消费群体以及品牌定位，应该选择不同的背景音乐，如高档的服装品牌店应该播放一些能表现其高雅定位的轻音乐；打折促销时播放节奏明快的音乐，有利于吸引顾客，并使顾客随着音乐的节奏加快购物速度；销售人员说话的声音要尽量柔和，注重音量和音调的控制，使顾客听起来舒服。

（三）嗅觉因素

室内气味环境能直接影响人的情绪和工作效率。卖场需时常祛除异味，为室内提供清新、淡雅、宜人的香气，使身在其中的人们都能感受到心情愉悦。销售人员能够合理地、快乐地工作，消费者能够放松地尽情购物，这样可间接达到提高商品吸引力、吸引顾客的目的。

三、展示中的心理因素

环境的刺激会引起人的生理和心理效应，而这种人体效应会以外在行为表现出来，人的心理呈现出复杂多样的特征。人的行为如观看、走动、休息、交流都关系着展示设计的成败，在设计时要根据人的行为要素特征进行合理布置，尽可能地满足人们的行为要求。

（一）抄近路习性（捷径效应）

为了达到预定的目的地，人总是趋向选择最短的路径。根据这一心理，在卖场设计中，就要避免让顾客走捷径直接穿过某一区域，要引导顾客从通道进入。如图4-15所示。

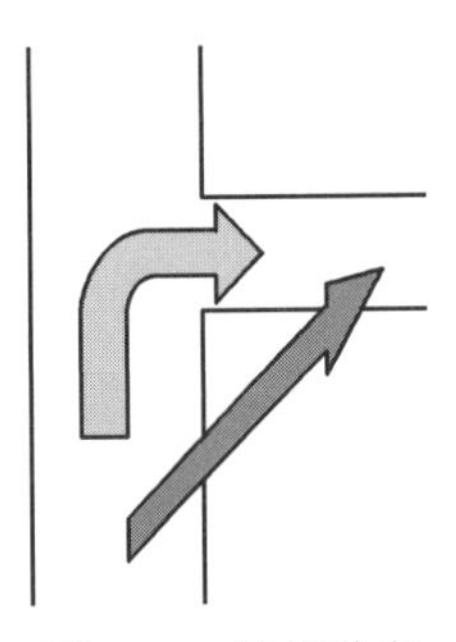

图4-15　捷径效应

（二）左侧通行习性

据观察，在没有外界因素干扰的道路和展示室内，当人群密度达到0.3人/m^2以上时，行人们会自发地靠左侧行走。这与人类使用右手机会多、形成右侧防卫感强而照顾左侧有关。这种行为习性对展厅的展品陈列及服务位置设置等有很大的参考价值。在卖场展示设计中，展品往往以在通道的左侧为主。展品陈列的次序最好是从左至右，以便观看。

（三）聚焦效应

人群的步行速度与人群的密度之间有着紧密的联系。当人群密度超过1.2人/m^2时，就会发现步行速度有明显下降的趋势。当空间或展厅的人群密度分布不均时，就会出现滞留现象。如果滞留空间或展厅的时间过长，这种集合人群就会越来越多。这种现象，我们称之为聚集效应。展示设计中应利用这种特性， 尽量把展品布置在消费者容易驻足观看的位置，以达到最好的效果。

（四）猎奇性

人都有一种猎奇心理，对于有特色的东西很感兴趣，可以根据这一心理，无论是橱窗还是流水台、服装展品的布置要有自己的风格和特色，才能吸引消费者。

（五）渐进性

人对于事物的认知会随着时间的变化而不断发生变化，这种变化不是一蹴而就的，是一个相对缓慢的过程。利用这一心理，在展示的过程中服装展品应该有一个完整的内容，在展示时分时段或分区按照一定秩序渐进发展。

（六）向光性

人们愿意走向光明的区域，这一心理可以指导卖场的灯光设计，卖场的橱窗、入口的区域的灯光要明亮些，以吸引消费者进入卖场。

小结

服装展示的效果与卖场空间设计有密切联系。卖场空间设计应该呼应服装风格、便于顾客进入和购物、有利于服装产品的展示、便于货品推销和管理，并能体现经济性和时效性。

规划卖场前要了解卖场的主要组成元素以及基本的功能，根据服装在卖场中的销售流程将卖场一般划分为两个部分：店面外观、店内空间。店面外观包括门面、招牌、出入口、橱窗、招贴广告；卖场按照视觉销售区域可划分为视觉艺术空间（VP）、重点销售空间（PP）、陈列空间（IP）。VP吸引顾客视线，诱导他们走入卖场；PP使顾客再次被吸引，产生联动性消费联想；陈列空间IP是达成销售的最终目的地。

服装专卖店卖场空间规划是在总体服装展示设计方案的指导下，根据品牌定位和产品风格确立展示基调。出入口、通道等各个空间的形态、大小、位置以及各空间的关联过渡，要充分考虑展示的各项尺度。服装展示设计中的人体工程学要素包括尺度要素、生理要素和心理要素。与服装展示陈列有密切关系的尺度要素有：身高、眼睛的高度、垂直手握高度、最大的人体宽度、最大人体厚度、肘部高度等；展示中人体生理因素主要是指视觉因素、听觉因素和嗅觉因素，这些都是人类很重要的感知能力，对服装卖场空间的环境尤为重要。展示空间设计还要考虑消费者的心理因素，例如左侧通行习性、聚焦效应等，这些要素都关系着展示设计的成败，在设计时要根据人的行为要素特征进行合理布置，尽可能地满足人们的行为要求。

思考题

1.卖场空间设计的原则是什么?

2.试说明一个完整的服装卖场由哪些空间构成?

3.VP指的是什么?

4.服装展示设计中的人体工程学要素有哪些?

5.试分析，在展示空间设计中如何利用消费者的心理因素。

第五章

卖场灯光设计

课题名称：卖场灯光设计

课题内容：光和光源

卖场照明方式和照明用途

服饰陈列设计中的灯光应用

课题时间：4课时

训练目的：让学生了解掌握照明的基本形式，灵活运用灯光在整个卖场中的使用技巧，以便更好地衬托产品。

教学方式：讲授式教学、启发式教学、讨论式教学

教学要求：1.让学生了解光和光源的基本概念。

2.让学生了解照明的基本形式和基本原则。

3.让学生掌握灯光在整个卖场中的运用技巧。

照明是服装服饰品牌店铺空间的重要组成部分之一。有效的灯光设计能够吸引和引导消费者的目光，营造一个舒适、安全、和谐的光环境氛围。走进一家照明好和一家光线暗淡的店铺会有截然不同的心理感受：前者明快、轻松；后者压抑、低沉。店内照明得当，不仅可以渲染店铺气氛，突出展示商品，增加陈列效果，还可以改善营业员的劳动环境，提高劳动效率。通过每个空间光环境的营造，塑造出引人入胜的展示空间和展示形象，采用多种照明手法展示服装服饰品牌店铺主题形象，让人产生联想，唤起消费者的共鸣。

第一节　光和光源

一、光的几个概念

光是能引起视觉的电磁波，人眼在有光的条件下才能看见物体，而且要在一定亮度环境下才有分辨颜色的能力。光的传播路线是直线，故而称之为“光线”。

（一）可见光

在电磁波中，只有一小部分能为人眼所感觉到，其波长在380~780nm范围内，被称为可见光。而且不同波长的光给人的颜色感觉也不同，一般光源都包含着多种波长的电磁波，称为多色光。波长从380nm向780nm增加时，光的颜色从紫色开始，按蓝、青、绿、黄、橙、红的顺序逐渐变化（书后彩图5-1）。两种颜色之间没有明显的分界，而是由一种颜色逐渐减少；另一种颜色逐渐增多来过渡的。全部可见光波混合在一起就形成日光（白色光）。

（二）眩光

眩光是引起视觉疲劳的重要原因之一，在视野内由于远大于眼睛可适应的照明，所以会引起烦恼、不适的感觉甚至丧失视觉表现。眩光的光源分为直接光源（如太阳光、太强的灯光等）和间接光源（如来自光滑物体表面的反光）。

（三）镜像反射

因光照射在类如玻璃、镜面等光滑平整的面上，映现观者与周围环境的影像，称为镜像反射。日光下，如果橱窗内部光线比外部自然光线弱，就会使过往的车辆行人所折射的光线在橱窗玻璃表面出现镜像反射，影响橱窗的展示效果。可以采用在橱窗前设置遮阳装置、提高橱窗内的光照度、将橱窗内部空间设计为一定的倾斜角度等方式避免镜像反射的负面影响。

（四）色温

人造光源由于材质与使用技术不同，会产生不同的光色效果，光色效果的品质是由“色温”来决定的。光源色温不同，光色也不同，一般色温低的光源偏暖色，色温渐渐升高，光源也渐渐由暖色变为冷色。色温在3300K（开尔文）以下有稳重的气氛，温暖的感觉；色温在3000~5000K为中间色温，有爽快的感觉；色温在5000K以上有冷的感觉。不同光源的不同光色组成最佳的环境。

（五）光通量

照明的效果最终由人眼来评定，因此仅用能量参数来描述各类光源的光学特性是不够的，还必须引入基于人眼视觉的光量参数——光通量来衡量。光通量是指光源在单位时间内向周围空间辐射并引起视觉响应强弱的能力。

（六）光照度

光照度是用来表示被照面（点）上光的强弱。投射到被照面上的光通量与被照面的面积之比称为该面的照度。光照度的单位为勒克斯（符号为lx）。服装服饰品店一般在重点展示的区域，如橱窗等，光照度一般为2000~3000lx；在重点陈列的服装展柜，一般光照度为1000~1500lx；整个店内的平均照度为750~1000lx。

（七）光亮度

在房间内同一位置上，并排放着一个黑色和一个白色的物体，虽然它们的照度一样，但是人眼看起来白色物体要亮得多，这说明了被照物体表面的照度并不能直接表达人眼对它的视觉感觉。原因在于人眼的视觉感觉是由被照物体的发光或反光在眼睛的视网膜上形成的照度而产生的。视网膜上形成的照度越高，人眼就感到越亮。白色物体的反光要比黑色物体强很多，所以感到白色物体比黑色物体亮得多。发光体在视线方向单位投影面上的发光强度称为该物体表面的亮度，单位为坎德拉每平方米（符号为cd/m^3）。

以上的介绍中，后三个是常用的光度单位，它们从不同角度表达了物体的光学特性。光通量说明发光体发出的光线数量；光照度表示被照面接受的光通量密度，用来鉴定被照面的照明情况；光亮度则表示发光体单面表面积上的发光强度，它表明了一个物体的明亮程度。

二、光源的种类

凡是能够发出一定波长范围电磁波的物体，称为“光源”。包括自然光源、人造光源以及两种光源的混合。

（一）自然光源

在自然界中，很多物体都会发光，最主要的光源还是太阳，夜晚我们可以看到天空中的月亮和繁星反射太阳的光芒，但是夜晚反射光远不如白天太阳光的照明效果好，因此人类发明制造了很多人造光源。

展示中的自然光源是指白天的太阳光，一般只有户外的服装展示，才可以完全采用自然光源。室内的服装展示，必须借助人造光源，才能达到展示的效果和氛围。

（二）人造光源

人造光源，顾名思义是指由人类发明制造的能发光的物体，人造光源的种类有很多，有热辐射光源、荧光粉光源、气体放电光源、原子能光源、化学光源等等。服装卖场常用的光源以荧光粉光源和气体放电光源为主。

依照发光原理的不同,可以将人造光源分成白炽灯(Incandescent)、荧光灯(Fluorescent)、高压气体放电灯（HID）、发光二极管（LED）及冷光灯五大类别。

1.白炽灯（图5-1）

白炽灯是将电能转化为光能以供照明的设备。其主要工作原理为电流通过灯丝（钨丝，熔点超过3000℃）时产生热量，螺旋状的灯丝不断将热量聚集，使得灯丝的温度达到2000℃以上，灯丝在处于白炽状态时，就像烧红了的铁能发光一样而发出光来。灯丝的温度越高，发出的光就越亮，故称之为白炽灯，如图5-1所示。

图5-1 白炽灯泡

2.荧光灯（图5-2）

荧光灯是利用低压汞蒸气放电产生的紫外线激发涂在灯管内壁的荧光粉而发光的电光源，如图5-2所示。

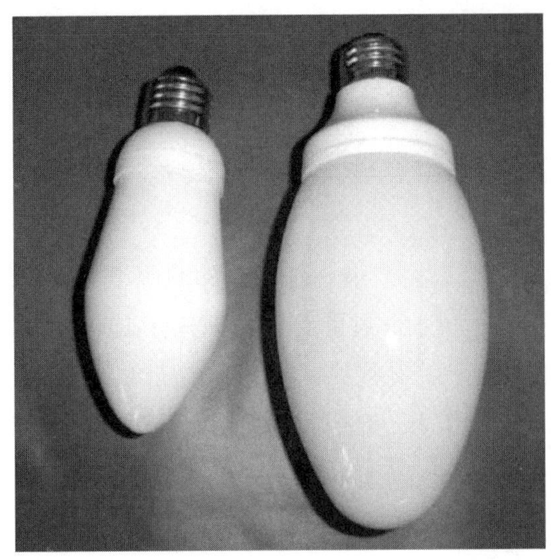

图5-2　荧光灯泡

3.HID——**高压气体放电灯**（书后彩图5-2）

HID是High Intensity Discharge高压气体放电灯的英文缩写，是汞灯、钠灯、金卤灯、氙灯的统称。其中氙灯的原理是在UV-cut抗紫外线水晶石英玻璃管内，以多种化学气体填充，其中大部分为氙气（Xenon）与碘化物等惰性气体，然后再透过增压器（Ballast）将低压（如12V）直流电压瞬间增压至23000V的电流，经过高压振幅激发石英管内的氙气电子游离，在两电极之间产生光源，这就是所谓的气体放电。

4.LED——**发光二极管照明**（书后彩图5-3）

LED（Lighting Emitting Diode）照明即发光二极管照明，是一种半导体固体发光器件。它是利用固体半导体芯片作为发光材料，在半导体中通过载流子发生复合放出过剩的能量而引起光子发射，直接发出红、黄、蓝、绿、青、橙、紫、白色的光。LED照明产品就是利用LED作为光源制造出来的照明器具。

5.**冷光灯**（书后彩图5-4）

根据萤火虫发光的原理，将草酸酯粉末、荧光粉溶液和过氧化氢溶液按一定比例混合，封闭在灯泡中产生化学变化而使之发光，这种利用化学反应发光的光源不会释放热能，因此这种光源也被称作“冷光灯”。

三、照明种类

服装陈列的照明设备种类很多，基本上市面上能够见到的照明设备都可以应用在陈列设计中，比如台灯、地灯、吸顶灯、吊灯、壁灯、镶嵌灯、槽灯、投光射灯等。

（一）台灯

台灯是人们生活中用来照明的一种家用电器。它的工作原理主要是把灯光集中在一小块区域内。一般台灯用的灯泡是白炽灯或者节能灯泡。有的台灯还可用于停电时的应急照明。服装陈列中，台灯一般作为卖场装饰或者橱窗陈列装饰之用，如书后彩图5-5所示。

（二）地灯

地灯又称地埋灯或藏地灯，是镶嵌在地面上的照明设施。地灯对地面、地上植被等进行照明，能使景观更美丽，行人通过更安全。现多用LED节能光源，表面为不锈钢抛光或铝合金面板，优质的防水接头，硅胶密封圈，钢化玻璃，可防水、防尘、防漏电且耐腐蚀。在服装陈列中，地灯一般作为补充照明用，用于气氛的渲染和烘托或者作为装饰陈列之用。

（三）吸顶灯（书后彩图5-6）

吸顶灯是一种灯具，安装在房间内部，起到基础照明的作用。由于灯具上部较平，紧靠屋顶安装，像是吸附在屋顶上，所以称为吸顶灯。光源有普通白灯泡，荧光灯、高强度气体放电灯、卤钨灯等。吸顶灯造型各异，有球体、扁圆体、柱体、椭圆体、锥体、方体、三角体等造型。在服装陈列中，吸顶灯不仅是一种基础照明光源，现在更通过奇特的造型设计以及和整体装修风格的搭配，起到装饰美化的功能。

（四）吊灯（书后彩图5-7）

所有垂吊下来的灯具都归入吊灯类别。吊灯无论是以电线或铁支垂吊，都不能吊得太矮，以免阻碍人正常的视线或令人觉得刺眼。一般吊灯安装在距离顶棚50~1000mm处，光源中心距离天棚750mm为宜。通常吊灯的装饰性很强，其造型要与装修风格相匹配，在某种意义上来说，吊灯的造型和艺术形式决定了整个空间环境的艺术风格和装修档次。

（五）壁灯（书后彩图5-8）

壁灯是室内装饰灯具，一般多配用乳白色的玻璃灯罩。灯泡功率多在15~40W左右，光线淡雅和谐，可把环境点缀得优雅、富丽。壁灯一般起到补充照明的作用，在高大的空间环境下，壁灯可以解决光照度不足的问题，并且其多样化的艺术造型可以满足不同的装修风格，起到一定的艺术装饰效果。

（六）镶嵌灯（书后彩图5-9）

镶嵌灯与地灯类型相似，只是一个安装在天花板上，一个安装在地面上。一般都使用荧光灯或者白炽灯，作为基础照明使用。镶嵌灯是安装在展示空间顶棚内的灯具。这类照明会使得整个空间亮度通透，光线充足，视野清晰明亮，一般应用于商场或者大型的服装专卖店照明。

（七）槽灯（书后彩图 5–10）

槽灯是隐藏灯具,安装在改变灯光方向的凹槽。特点是光源比较隐蔽，通过反射起到照明作用。光线均匀，不易产生眩光，兼顾装饰和基础照明功能。

（八）投光射灯（书后彩图 5–11）

投光射灯为小型聚光照明灯具，有夹式、固定式和鹅颈式等类型，通常固定在墙面、展板或者管架上，可调节方位和投光角度，主要用于重点照明。目前在服装卖场展示中，常利用导轨将投光射灯作为可滑动调节的轨道照明灯具，使得空间照明灯光变得更加多样化。

第二节 卖场照明方式和照明用途

商业卖场的灯光不仅要起到基础照明作用，还要能够渲染环境氛围，传达整体的设计感和突出展示物的特点，作用至关重要。商业卖场的灯光可以按照不同的要求进行以下的分类：照明方式、照明用途。

一、照明方式

目前根据灯具光通量的空间分布状况及灯具的安装方式，可将室内照明方式分为三种：

（一）直接照明

光线通过灯具射出，其中90%~100%的光通量到达假定的工作面上，这种照明方式为直接照明。这种照明方式具有强烈的明暗对比，并能形成有趣生动的光影效果，但容易产生眩光。

（二）间接照明

间接照明是将光源遮蔽而产生间接光的照明方式，其中90%~100%的光通量通过天棚或墙面反射作用于工作面，10%以下的光线则直接照射工作面。间接照明通常有两种处理方法，一是将不透明的灯罩装在灯泡的下部，光线射向平顶或其他物体上反射成间接光线；一种是把灯泡设在灯槽内，光线从平顶反射到室内成间接光线。这种照明方式单独使用时，需注意不透明灯罩下部的浓重阴影。通常和其他照明方式配合使用，才能取得特殊的艺术效果。在商场、服饰店、会议室等场所，一般将间接照明作为环境照明使用或用来提高环境亮度。

（三）漫射照明

漫射照明能够利用灯具的折射功能来控制眩光，将光线向四周扩散。这种照明大体上有两种形式，一种是光线从灯罩上口射出经平顶反射，两侧从半透明灯罩扩散，下部从格栅扩散。另一种是用半透明灯罩把光线全部封闭而产生漫射。这类照明光线性能柔和，视觉舒适，没有眩光。

二、照明用途

（一）一般照明

一般照明也称为“背景照明”或者“环境照明”，是一个照明规划的基础，一般照明的目的是提供一定的环境照明光线，使人可以在此环境中进行正常活动。此类灯具一般安装在上方，提供范围较大的照明，如图5-3所示。在一个服装专卖店中，一般照明提供的照明光线应该可以保证顾客顺利的行走和清楚地观赏选择服装商品（书后彩图5-12）。

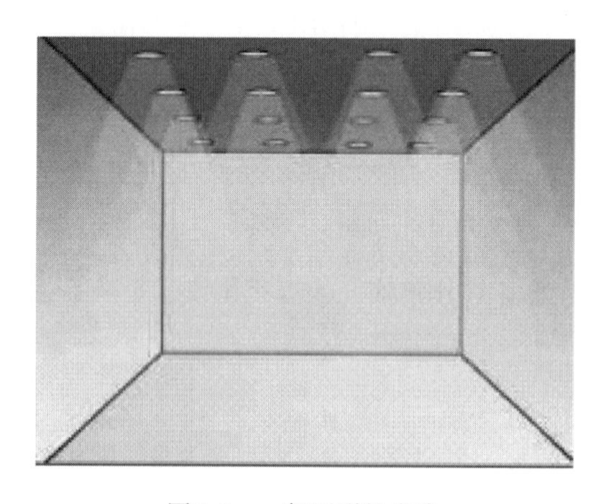

图5-3　一般照明的光线

（二）重点照明

为突出某一件物品，有针对性地采用一盏或者几盏灯具集中照明的方法为重点照明也称“局部照明”。这种方法将光线以一定的角度集中投射到某些区域或商品上，达到突出商品、吸引顾客注意力的目的（图5-4）。在服装陈列中，常将重点照明用于服装货架、橱窗展示、饰品陈列等重要区域的照明，比如在橱窗的照明设计中，重点照明不仅要表现出服饰产品的外观特点、功能特点、面料特点，还要着力突出产品的造型和质感，见书后彩图5-13。

（三）装饰照明

装饰照明也称气氛照明，是为了点缀或者利用特殊光束来修饰空间而采用的照明手法。在基础照明的前提下，通过智能照明控制系统等，增加照明色彩和动感上的变化，营

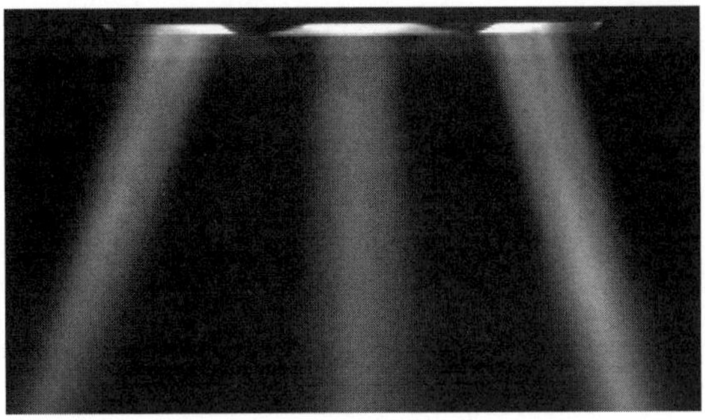

图5-4　重点照明的光线

造氛围。装饰照明能产生很多种效果和气氛，给人带来不同的视觉享受。装饰照明通常不照亮陈列的物品，而是对陈列物品的背景、卖场的地面、墙面做一些特殊的灯光处理，一般可选用台灯、吊灯、壁灯、地灯、灯箱等进行装饰照明，也可综合使用，以求更加丰富多变的效果，见书后彩图5-14。

（四）混合照明

任何一个商业卖场的照明都不是独立的。因此实际的照明设计中，往往将上述照明方式混合使用，见书后彩图5-15。

第三节　服饰陈列设计中的灯光应用

一、照明设计的基本原则

色彩、音响、气味、照明等因素综合构成了店面的整体氛围，但是合理的灯光表达，包括适宜的色温，灯具的选择和安装是渲染环境的主要途径。服装专卖店的照明设计应遵循以下的基本原则：

（1）灯光设计必须围绕专卖店品牌定位、装修风格展开。针对目标客户群的特质、喜好营造光环境氛围。

（2）通过灯光设计增强门店与橱窗对潜在顾客的吸引力，使其对品牌产生兴趣、联想与共鸣，最终进店消费。

（3）店铺灯光的布置要设法将顾客的视线集中到精心布置的商品陈列上，并无时无刻地传达特定的气氛或加强购物主题。

（4）顾客挑选商品时，为了方便其观察商品的全部细节，必须保证足够的照明强度。整个购物过程中，店铺内都不能出现让顾客烦躁或注意力分散的照明。

（5）通过合理化的灯光布局、理性化的灯管控制方式，使照明按照指定区域，特定时间增加照明水平，适应服装布置变化，提高电能的使用效率，控制经营成本。

二、服装陈列设计中的照明效果设计

（一）入口照明设计

入口的照明需能够顺利将顾客引向主要展示区域或其他区域，要抓住顾客的消费心理需求，提供与店内氛围相适应的门面照明，与周边的门面照明要有对比，形成鲜明的特征，见书后彩图5–16。特别是招牌照明，一般通过霓虹灯的装饰或小型泛光灯，增加店铺在夜间的可见度，使招牌明亮醒目。

（二）展示橱窗照明设计

展示橱窗是服装店面最吸引顾客眼球的一个窗口。除了橱窗设计、货品布置要独具特色和吸引力之外，橱窗的灯光效果也是一个非常重要的组成部分。一个照明良好的橱窗对于强化服装特点、吸引顾客、品牌宣传，常常会收到锦上添花的效果。相反，如果照明不良，整体效果会大打折扣。

橱窗照明不仅要美，同时也必须满足商品的视觉诉求。橱窗照明的目的为显示服装品质，宣传品牌文化，烘托店面氛围；吸引过往顾客的注意使他们驻足并进店消费。橱窗内的灯光亮度必须比卖场内部高出2~4倍，但一般不应使用太强的光，灯光颜色的对比度也不宜过大，光线的运动、变化、闪烁不宜过快或者过于强烈，否则会使消费者眼花缭乱，产生不舒适的感觉。灯光要求色彩柔和，富有情调。同时还可以采用下照灯、吊灯等装饰性照明，强调商品的特色，给顾客留下良好的心理印象。

1.封闭式橱窗

封闭式橱窗一般设置两组灯，分别应用于白天和夜晚。大多数灯在白天使用，目的是消除白天街上的阳光对橱窗的反射作用造成的“鱼缸效应”（书后彩图5–17），少数的灯光是在天黑以后使用的。但是一个富有设计经验的陈列师不止解决照明这个问题，更重要的是通过变换灯光的分布和颜色，强调货品的立体感、材料质感和色彩，创造某种“氛围”和“感觉”。若模特进行单件展示的服装，一定要用射灯进行烘托，灯光的颜色也要适当。冷光给人冰凉、冷酷、迷幻的感觉，适用于夏装。暖色的灯光给人很温暖、舒适、静谧的感觉，适用于冬装（书后彩图5–18）。

2.半封闭式橱窗

半封闭式橱窗介于开放式橱窗与封闭式橱窗之间，没有完全与卖场内部隔绝开，通常采用装饰隔断将二者隔开，从橱窗外可以隐约看到店铺内部的陈列，因此照明灯光也可以透过隔断装饰投射进橱窗内部，但光照度不够明显，需要辅助的照明设备。见书后彩图5–19。

3.开放式橱窗

开放式橱窗与商店内部从外部观看是融为一体的，所以，商店内部的光线可以直接照射在橱窗内。根据不同的店面形式采取不同的灯光配置。开放式橱窗一般没有明确的灯光，只有顶光照射，整体通透，适用于大众化展场的设计。见书后彩图5–20。

（三）展示货架照明设计

展示货架是服装卖场中的主体，因此，展示货架照明设计的好坏直接影响店铺的销售业绩。灯光使用得当，可以强调货品的立体感、光泽感、材料质感和色彩感，从而激发顾客的购买欲望。反之，灯光暗沉，照明不足，会使顾客失去购买兴趣。货架陈列处的照明应使货品容易被顾客看到，在高处的货品可以采用聚光灯照明，在陈列货架内部应设置荧光灯，也可以在上部设置吊灯，增加货架的重点视觉效果。见书后彩图5–21、彩图5–22。对于一些平面性较强、层次较丰富、细节较多、需要清晰展示各个部位的展品来说，应减少投影或弱化阴影。可利用方向性不明显的漫射照明或交叉性照明，来消除阴影造成的干扰。有些服装需要突出立体感，可以用侧光进行组合照明。货架的照明灯具应有很好的显色性，中、高档服装专卖店应该采用一些重点照明，可以用射灯或在货架中采用嵌入式或悬挂式直管荧光灯具进行局部照明。

（四）展示衣架照明设计

衣架展示与货架展示的不同在于，服装采用挂装的方式，整体感更强，也更加直观。顾客一般喜欢直接在衣架展示区域直接触摸和感觉服装的质感，选取喜爱的服装款式，因此展示衣架区域的照明，直接影响顾客的视觉感并决定服装的销售量，所以在展示衣架照明设计中，应采用突出服装特色的照明方式，比如重点照明，嵌入式或者悬挂式直管荧光灯都是不错的选择。见书后彩图5–23。

（五）展示模特照明设计

服装卖场中的展示模特具有辅助陈列的作用。如果店面照明充足，展示模特一般不需要单独再进行照明设计，但如果需要展示模特吸引顾客的注意，突出服装在模特身上穿着后的效果，也可以采用重点照明方式，突出服装色彩质地及裁剪。见书后彩图5–24。

设计模特照明可考虑以下几种因素：

（1）关键光线（斜前方）：灯光和被照射物呈45°的光位，灯光通常从左前侧或右前斜侧的方位对被照射物进行照射，这是橱窗陈列中最常用的光位，由于明亮度高并有很强的阴影，可以使模特和服装层次分明，营造闪亮的效果，突出重点、立体感强。

（2）补充光线（另一侧斜前方）：补充照明，可以冲淡阴影，从而获得想要的对比度。

（3）背后光线：从后上方照明，突出被照物体的轮廓，使它与背景分离，可用于透明物体的照明。

（4）向上光线：从前面地面向上照明，突出靠近地面的物体，可制造出戏剧性的效果。

（5）背景光线：照明背景，对于某些颜色较深的套装服饰，反过来强调背景，能够快速捕捉路人的目光。

（六）展示柜台照明设计

展示柜台上的陈列服装多采用平铺或者叠装的方式，在店铺灯光照明充足的情况下，可以不再单独进行柜台照明，但有时服装店里面的柜台设计感很强，需要灯光渲染和烘托气氛，因此也可以让灯光直接照射在展示柜台的服装上，一般建议采用高显色的钠灯、卤素灯或者直管荧光灯等。见书后彩图5–25。

（七）试衣间照明设计

试衣区的灯光设置是经常被忽视的地方，因为试衣区没有绝对的分界线，所以通常会将试衣区的灯光纳入卖场的基础照明中。因此我们经常看到，试衣区镜子前灯光由于亮度不足而影响顾客的购买情绪。试衣间的照明设计不容小视，顾客在试穿服装后，在试衣间镜前对穿着效果的审视直接影响服装的销售，而灯光对于视觉的影响是非常重要的，因此试衣间是服装店铺最关键的一个照明设计区域。一个好的试衣间，不仅要具有舒适、人性化的使用功能，也要考虑设计合适的灯光，衬托出服装上身后的效果。

试衣间的灯光光线要均匀明亮而温馨，应使用照度较好的卤素灯，灯光最好从穿衣者与镜面之间照射，光线角度最好是45°，以免造成刺目的反光。也可安装镜前灯，安置在镜子上端两侧。这样散射下来的灯光，能够提高垂直面照度或适当采用色温低的光源，使镜子照射出来的人肤色柔和，感觉健康。试衣间照明对色彩的还原性要好，要真实反映出服装试穿情况，同时注意灯光的显色性，避免出现衣物在不同灯光照射下产生不同的效果。见书后彩图5–26。

在整个卖场中，灯光设计具有画龙点睛的功效，如上所述，服装的各个功能区对光环境的要求不同，如下表所示。这就需要陈列设计师进行巧妙的照明设计，提高商品的价值，使视觉营销效果达到最佳的状态。

服装功能区对光环境的要求

功能区域名称	照明方式	照明效果
橱窗	垂直照明、轨道照明	明亮、有鲜明的照明特点，满足日光的变化需求
门头	泛光照明、背光照明	醒目、特色、符合商业定位
店招	重点照明	醒目、高照度
通道	一般水平照明（可根据风格加入少许通道的重点照明）、引导照明	在满足照明的基础上具有引导性、方向感
壁柜或柱柜	垂直照明、柜内重点照明	突出商品的全局化效果
展柜	柜内照明为主	见光不见灯
展架	垂直照明	展现出服装的细节
模特	垂直照明	展现出服装的真实感、动感
试衣间	水平照明	明亮、高显色性，防止反射眩光
收银台	水平照明为主，辅助垂直照明	高照度，增加收款的有效性
形象墙	垂直照明、环境照明	鲜明的特点，体现商业形象

小结

照明是服装服饰品牌店铺空间的重要组成部分之一，有效的灯光设计能够吸引和引导消费者的目光，营造一个舒适、安全、和谐的光环境氛围。光是能引起视觉的电磁波。凡是能够发出一定波长范围电磁波的物体，称为“光源”。在展示中，自然光源是指白天的太阳光，一般只有户外的服装展示，才可以完全采用自然光源。室内的服装展示，必须借助人造光源，才能达到展示的效果和氛围。服装卖场常用的光源以荧光粉光源和气体放电光源为主。

服装陈列的照明设备种类很多，基本上市面上能够见到的照明设备都可以应用在陈列设计中，比如台灯、地灯、吸顶灯、吊灯、镶嵌灯、投光灯、壁灯、轨道灯和分色涂膜镜等。每一种照明设备都具有各自的特征，通常一个店铺中要用到多种照明设备。

商业卖场的灯光对于货品的展示起到至关重要的作用，不仅要起到基础的照明作用，还要能够渲染环境氛围，传达整体的设计感和突出展示物的特点，目前根据灯具光通量的空间分布状况及灯具的安装方式，室内照明方式可以分为直接照明、间接照明、漫射照明方式。根据照明用途可分为一般照明、重点照明、装饰照明、混合照明。大环境的渲染主要靠合理的灯光表达，包括适宜的色温、灯具的选择、安装等。不同的店铺功能区对光环境的要求都不同，例如入口的照明要求能够顺利将顾客引向主要展示区域；橱窗照明不仅要美，同时也必须满足商品的视觉诉求；货架陈列处的照明应使货品容易被顾客看到，强调货品的立体感、光泽感、材料质感和色彩感，从而激发顾客对货品的购买欲望等。这就需要陈列设计师巧妙地进行照明设计，使视觉营销效果达到最佳的状态。

思考题

1.服装卖场常用的光源有哪些？

2.商品陈列中的照明方式有哪几种？

3.照明设计的基本原则是什么？

4.试分析服装各功能区对光环境的要求。

5.观察某个服装店铺的照明设计，谈谈其运用的照明方式和技巧。

第六章
陈列色彩设计

课题名称：陈列色彩设计

课题内容：服饰品的色彩与风格是陈列设计的前提

陈列设计的色彩组合

陈列色彩设计的方法

课题时间：4课时

训练目的：让学生了解和掌握服装陈列色彩的基本理论、基本知识，明确陈列色彩的本质与内容

教学方式：讲授式教学、启发式教学、讨论式教学

教学要求：1.让学生了解色彩的性质和色彩的分类。

2.让学生了解色彩对比、色彩调和和色彩情感的组合方式。

3.让学生了解陈列色彩的配色原则以及模特、商品组合的陈列方法。

第一节　服饰品的色彩与风格是陈列设计的前提

色彩、款式、面料是构成服装的三大要素。人体大脑初次接触新鲜事物时，对色彩的感知最为突出，所以为了达到一定的视觉效果和销售目的，在现代服饰品千变万化的陈列设计方式中，根据服饰品的色彩与风格进行陈列，是一种常见且行之有效的陈列方法。

一、服饰品的色彩

（一）色彩的产生

我们知道，色彩的产生与光线有着密切的关系。在同一种光线条件下，不同的物体会有不同的颜色，这是因为物体的表面具有不同的吸收光线与反射光线的能力，反射光不同，眼睛就会看到不同的色彩，因此，色彩的发生，是光对人的视觉和大脑发生作用的结果，是一种视知觉。光进入视觉通常有三种形式：光源光、透射光、反射光。而反射光是光进入眼睛最普遍的一种形式，在有光线照射的情况下，眼睛能看到的任何物体都是该物体的反射光进入视觉所致。当然，服饰品的色彩也属于这种。

（二）色彩的分类

1.有彩色和无彩色

我们可以将色彩简单地分为有彩色和无彩色两大类，有彩色如红、橙、黄、绿、青、蓝、紫；无彩色如黑、白、灰。无彩色又叫中性色，具有协调两种冲突色彩的功能。（书后彩图6–1）。

2.原色

没有经过调配的颜色，即红、黄、蓝三种基本颜色叫做原色，也叫“三原色”（书后彩图6–2）。自然界中的色彩种类繁多，变化丰富，但是这三种颜色是最基本的原色，不能由别的颜色调配得到，能够最迅速最有力最强烈地传达视觉信息。其他颜色除白色外，可由三原色相互混合，调和而成。

3.间色

三原色两两相互调配得到的颜色叫间色。间色种类很多，人们并不能都准确无误地叫出它们的名称，可以以三间色为基础加上比例占得较多的颜色来称呼，如橙红、橙黄等。其中红、黄、蓝各占一半相互调配得到的橙、紫、绿三种间色叫三间色（书后彩图6–2）。间色尽管是二次色，但仍有很强的视觉冲击力，容易带来轻松、明快、愉悦的气氛。但间色相对于三原色对视觉的刺激相对缓和。属于较易搭配的颜色。

4.复色

用间色与另一种间色或间色与原色配出来的颜色叫复色，复色由于调配的次数更多所以更灰，名称更不确定，一般叫某种倾向。复色色相倾向比较微妙、不明显，视觉刺激缓和，如果搭配不当，容易呈现出脏或者灰蒙蒙的效果，有沉闷、压抑之感，属于不好搭配的颜色。但有时复色加深色能很好地表达神秘感、纵深感和空间感。（书后彩图6–3）。

5.类似色和对比色

色彩根据色彩环上相邻的位置，一般分为五种类型的色彩：邻近色、类似色、中差色、对比色、互补色。在实际的运用中，我们一般把它分成三大类：近似色和对比色、互补色。书后彩图6–4所示为色相环，我们将色环中排列在90°之内的色彩统称为近似色，180°相对的色彩为互补色，120°与180°之间的色彩称为对比色。近似色的搭配营造出一种柔和、秩序、和谐的氛围，适合斯文成熟类服装搭配。对比色搭配色彩的视觉冲击力强，一般用于橱窗的陈列，或在卖场中起一些点缀的作用，以吸引顾客视线，调节顾客的情绪。休闲明亮的服装也常采用对比色搭配。互补色颜色对比强烈，不易调和，适合童装及运动类服装的搭配。

（三）色彩的基本要素

1.色相

色相是色彩的首要特征，是区别各种不同色彩的最准确的标准，是能够比较确切地表示某种颜色色别的名称，即色彩的“相貌”。每个色彩都被冠名以一个名称，这就叫做色相名。

2.明度

明度是指色彩的明亮程度。各种有色物体由于他们反射光量的区别便会产生颜色的明暗强弱，分高明度、中明度、低明度。明度可以简单理解为颜色的亮度，如通常所说的“衣服颜色的深浅。”任何色彩都存在明暗变化。其中在无彩色中白色明度最高，黑色明度最低；有彩色中黄色明度最高，紫色明度最低，绿、红、蓝、橙的明度相近，为中间明度。明度具有较强的对比性，它的明暗关系只有在较强的对比中，才能显现出来（书后彩图6–5）。

3.纯度

反映色彩的饱和度与纯粹度，即加入其他色彩的多少程度，即纯度。色彩的纯度强弱，是指色相感觉明确或含糊、鲜艳或混浊的程度。分为高纯度、中纯度、低纯度。无彩色中的颜色，没有色相感，纯度为零。在有彩色中，鲜艳的色彩纯度高（书后彩图6–6）。

色彩的色相、明度、纯度也被称为色彩的三大属性。它们是色彩最重要的三个基本性质，三者之间既相互独立，又相互关联、相互制约。

（四）色彩的情感

1.色彩的冷暖

色彩的冷暖是指色彩给人带来的一种视觉和心理感受，当我们看到不同的颜色时，心理会受到不同颜色的影响而发生变化。这种变化是从人类的长期生活经验中得来的，如我们生下来时不了解火，摸了它而被烧伤，就对火产生了生活经验和心理感受，知道它是发热的，所以与火焰相关的颜色在心理就有温暖的感觉。红、橙、黄一类的颜色称为暖色，能让人感受到热闹、愉快和动感的氛围；而蓝、绿、紫一类的颜色称为冷色，给人以沉稳、冷峻和整齐的印象。当然要准确无误地区分两个颜色的冷暖，必须将两者放在一起比较才可以，如同样是暖色，红比黄更偏暖，大红比玫红更偏暖。见书后彩图6–7、彩图6–8。

2.色彩的轻重

色彩有轻重吗？答案是肯定的。色彩的轻重不同，给人带来的视觉和心理感受也不同。浅而明亮的颜色，给人一种安静、柔软的感觉，而深而黯淡的颜色，则会让人觉得硬而厚重。例如同样材质、同样体积大小的物体，白色的看起来要比黑色的感觉轻，就是这个道理（图6–1）。一般情形下，暖色、亮色、纯色等具有膨胀、前进、轻盈的感觉，而冷色、暗色、浊色等则极富收缩、后退、沉重的意味。

图6–1 色彩的轻重

3.颜色的前进后退

暖色和明亮的颜色看上去会显得离你更近，因为它具有视觉上膨胀的功效；冷和黯淡的颜色看上去显得比较远，因为它具有收缩感。因此，暖色好像在前进，冷色好像在后退。对比度强的色彩具有前进感，对比度弱的色彩具有后退感；明快的色彩具有前进感，灰暗暧昧的色彩具有后退感。见书后彩图6–9。

4.颜色的膨胀收缩

明亮的颜色具有膨胀性，暗色则有收缩性。当冷色调的蓝与浅淡明亮的白，两种颜色面积相等时，你会明显感觉到蓝色显窄，而白色显宽。这正是由于颜色的膨胀与收缩造成的。再如宽度相同的印花黑白条纹布，感觉上白条纹总比黑条纹宽；同样大小的黑白方格子布，白格子要比黑格子看上去略大一些，都是这个原理，见图6–2。

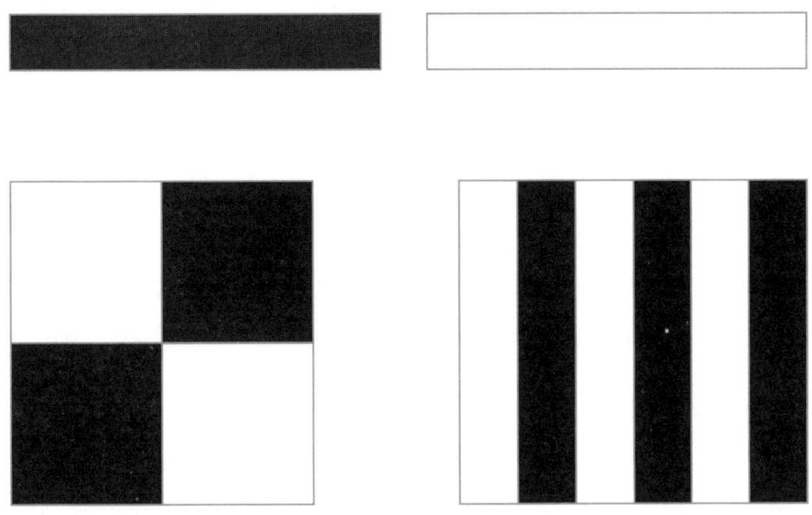

图6–2　颜色的膨胀与收缩

二、服饰品的风格

如今服装款式千变万化，形成了多种多样的风格，以适合不同的穿着场合、不同的穿着方式，具有不同的服饰魅力。服装陈列设计必须体现出服装的风格特征和消费需求的差异性。如职业化的男装，适合商务、工作环境中穿着，其商品陈列色彩应体现出严谨、理性特征；传统、经典风格等没有很强时效性的服装品牌，流行色运用的比例可相对较少；运动风格的服装充满活力，色彩鲜明，在陈列设计中可通过色彩对比创造出活泼、运动的韵律感；优雅风格的女装强调女性特征，时尚成熟，讲究品质和细部设计，强调精致感觉，色彩多为柔和的灰色调，因此在进行陈列时，色彩不宜过多，要表现出高档、高雅的感觉。一些成熟的高档品牌，都已形成了具有代表性的色彩体系。

服装是流行的产物，每一个服装品牌都有自己的品牌风格和特定的消费群体，即使在同一个消费群体中，其审美观也有差异。因此，每个品牌都会在每一季推出风格不同的系列，这些系列的风格和款式、色彩都有所不同，因此很考验陈列师对整个卖场的色彩掌控和调配能力。商品的陈列色彩设计只有符合消费群及产品风格定位，才能向消费者传达完整的品牌信息，强化品牌形象，更好地完成服装卖场的色彩规划。

第二节　陈列设计的色彩组合

一个陈列空间是由多种色彩组合而成的，服装卖场色彩的规划组合，不仅要重视总体的色彩规划，也要重视细节，创造出和谐感、层次感和节奏感，用色彩诱导顾客产生购买的欲望。

一、色彩的对比

（一）色彩对比的概念

色彩对比是指色彩与色彩之间的比较，分为同时对比和连续对比两大类。同时对比是指同一时间和空间条件下，两种色彩相邻并置时所发生的对比现象。服装陈列一般是在同一个空间和时间展现服装色彩特征的，体现出同时对比的特点。连续对比是指不同的时间观察一种色彩后，接着又看另一种色彩，使第二个色彩发生视觉效果的改变。在服装陈列中一般不考虑这种对比方法，因为会对消费者在选择服装时产生视觉上的误导。

（二）色彩对比的基本类型

1.色相对比

两种以上色彩组合后，由于色相差别而形成的色彩对比效果称为色相对比。它是色彩对比的一个根本方面，其对比强弱程度取决于色相之间在色相环上的距离（角度），距离（角度）越小对比越弱，反之则对比越强。见书后彩图6-10。

（1）无彩色对比。

无彩色对比虽然无色相，但它们的组合在实用方面很有价值。如黑与白 、黑与灰、中灰与浅灰，或黑与白与灰、黑与深灰与浅灰等。对比效果感觉大方、庄重、高雅而富有现代感，但也易产生过于素净的单调感。见书后彩图6-11。

（2）无彩色与有彩色对比。

如黑与红、灰与紫，或黑与白与黄、白与灰与蓝等。对比效果感觉既大方又活泼，无彩色面积大时，偏于高雅、庄重，有彩色面积大时活泼感加强。见书后彩图6-12。

（3）同类色相对比。

一种色相的不同明度或不同纯度变化的对比，俗称同类色组合。如蓝与浅蓝（蓝+白）色对比，绿与粉绿（绿+白）与墨绿（绿+黑）色等对比。对比效果统一、文静、雅致、含蓄、稳重，但也易产生单调、呆板的弊病，同一色系的衣服放在一起虽然会给人很舒服的感觉，但注意同类色搭配中不要同样款式、同样长短的放在一起，以免让人感觉像仓库。见书后彩图6-13。

（4）无彩色与同类色相比 。

如白与深蓝、浅蓝、黑与桔、咖啡色等对比，其效果综合了（2）和（3）类型的优点。感觉既有一定层次，又显大方、活泼、稳定。见书后彩图6-14。

（5）邻近色相对比 。

色相环上相邻的二至三色对比，色相距离大约30°左右，为弱对比类型。如红橙与橙、黄橙色对比等。效果感觉柔和、和谐、雅致、文静，但也感觉单调、模糊、乏味、无力，必须调节明度差来加强效果。见书后彩图6-15。

（6）类似色相对比。

色相对比距离约60°左右，为较弱对比类型，如红与黄橙色对比等。效果较丰富、活泼，但又不失统一、雅致、和谐的感觉。见书后彩图6–16。

（7）中度色相对比。

中度色相对比距离约90°左右，为中对比类型 ，如黄与红橙对比等，效果明快、活泼、饱满、使人兴奋，感觉有兴趣，对比既有一定力度，又不失调和之感。见书后彩图6–17。

（8）强烈对比。

色相对比距离约120°左右，为强对比类型，如黄绿与红紫色对比等。效果强烈、醒目、有力、活泼、丰富，但也因不易统一而感杂乱、刺激、造成视觉疲劳。一般需要采用多种调和手段来改善对比效果。见书后彩图6–18。

2.明度对比

明度对比是明暗程度不同的色彩形成的对比。明度对比是其他形式对比的基础。色彩的明度不同，传达的情感各异，不同明度的色彩组合，便构成色彩的层次和空间感。明度对比可根据色彩组合的总体感觉，分为明度强、中、弱对比。明度高的会显得明亮，明度低的会显得更暗。例如同一明度的色彩，在白底上会显得暗，而在黑色背景上却显得更亮（书后彩图6–19）。书后彩图6–20所示为黑色的低明度与大面积的浅色高明度形成对比。

3.纯度对比

以纯度差异形成的对比称为纯度对比。同一纯度的颜色，在几乎等明度、等色相而纯度不同的两种颜色背景上时，在纯度低的背景色上会显得鲜艳一些，而在纯度高的背景色上会显得灰浊。见书后彩图6–21。书后彩图6–22背景采用高纯度的绿色，与服装的低纯度形成鲜明的对比。

4.补色对比

色相对比距离180°，为极端对比类型，如红与蓝绿、黄与蓝紫色对比等。效果强烈、眩目、响亮、极有力，但若处理不当，易产生幼稚 、原始、粗俗、不安定、不协调等不良感觉。补色对比是色彩对比中最强烈的力量，黄与紫，橙与蓝，红与绿，这是最常见三对补色，见书后彩图6–23。补色对比的例子见书后彩图6–24。

5.冷暖对比

冷暖对比是将色彩的色性倾向进行比较的色彩对比。冷暖本身是人皮肤对外界温度高低的条件感应，色彩的冷暖感主要来自人的生理与心理感受。一般红、橙、黄为暖调，青、蓝、紫为冷调，绿为中间调，不冷也不暖。色彩对比的规律是：在暖色调的环境中，冷色调的主体醒目，在冷调的环境中，暖调主体最突出。书后彩图6–25橱窗背景采用暖调，模特服装采用冷色，突出主体。

6.面积对比

面积对比指不同的色彩并置，调节其面积的大小，面积大的色彩表现为主题色调，面积小的色彩为辅助色，表现出或对比或协调的整体感觉。面积大的时候，亮的色彩显得更轻，暗的色彩显得更重。面积的对比，可以是中高低明度差的面积变化及中高低纯度差的面积变化。见书后彩图6–26。

二、色彩的调和

两种或两种以上的色彩合理搭配，产生统一和谐的效果，称为色彩调和。陈列设计中的色彩对比和调和是相辅相成的。例如对相同色相、不同明度和纯度的色彩调和，使之产生循序的渐进，在明度、纯度的变化上，形成强弱、高低的对比，以弥补同色调和的单调感。对比色的调和如红与绿、黄与紫、蓝与橙的调和。可插入分割色（金、银、黑、白、灰等）；或采用双方面积大小不同的处理方法，以达到对比中的和谐。

三、色彩的情感

色彩不仅是传达视觉的重要因素，也是表达感情的有效途径。在不知不觉中色彩会左右我们的情绪，影响我们的心情。色彩的情感是为大多数人共同感受到的色觉心理反应，也称为人的视觉功能感受。色彩的情感是形成服装品牌色彩风格和卖场色彩风格的重要因素。

（一）单色的情感效应

不同颜色有着不同的寓意，如下表所示：

色彩的情感

色　彩	感　情
红	活跃、热情、勇敢、爱情、健康、野蛮
橙	富饶、充实、未来、友爱、豪爽、积极
黄	智慧、光荣、忠诚、希望、喜悦、光明
绿	公平、自然、和平、幸福、理智、幼稚
蓝	自信、永恒、真理、真实、沉默、冷静
紫	权威、尊敬、高贵、优雅、信仰、孤独
黑	神秘、寂寞、黑暗、压力、严肃、气势
白	神圣、纯洁、无私、朴素、平安、诚实

（二）组合色的情感效应

色彩经过组合，可以表达出不同的情感效应，例如冷暖、轻重、华丽、质朴等不同的感觉。各个服装品牌都有自己的品牌定位和消费者定位，因此品牌服装的开发过程中就会涉及色彩方面的规划，表现在服装店铺陈列方面尤其突出，在不同的季节，强调主题的陈列设计往往都离不开对色彩情感的运用。例如，冬季陈列设计，希望加入给人暖意的红、橙、黄等暖色调，而夏季陈列设计中，则希望陈列有关蓝、绿、紫等冷色调的服装展品，这样更能引发消费者的购买欲望。春季的陈列应强调春天的轻松、活泼，色调上可以明快、清新的黄、绿为主，配以桃红、粉红点缀，装饰品可用迎春花、桃花、浓绿的植物或风筝、草帽等。夏季的陈列色彩上可强调绿、蓝色，装饰品可用大海、植物、帆船、伞等。见书后彩图6-27。

色彩在陈列中对顾客情感具有直接的影响。针对不同的消费群体，服装品牌需要了解不同的色彩对于顾客的不同心理暗示，例如暖色系会产生热情、明亮、活泼、温暖等感觉；冷色系会令人产生安详、沉静、稳重、消极等感觉。明度高的色彩给人一种轻松、明快的感觉；明度低的色彩则会令人产生沉稳、稳重的感觉。纯度高的色彩显得比较华丽；纯度低的色彩给人一种柔和、雅致的感觉。

第三节　陈列色彩设计的方法

色彩是顾客选购服装的重要标准。日本色彩研究中心（PCCS）曾经对顾客进行调研：顾客进行消费时，非常关心产品色彩的人数所占比例为72.9%，因此在商品陈列时，依颜色来分类，以此来激发顾客的购买欲望，是非常有效的。尤其是利用模特展示服装的穿着效果，另外搭配一些同色系的配件，如皮包、鞋子、头饰、围巾等，更能吸引顾客的注意。

服装和卖场装修色彩既要很和谐地融为一体，又要让人一眼就能看出卖场的主色调，所以这里说的统一不是让服装和装修色彩完全一致，那样会让卖场显得很单调呆板，而是让局部有对比并服从整体，形成品牌的独特风格。在实际执行陈列之前，要先做出一个完整、合理的计划。

一、陈列色彩规划

卖场的色彩要从大到小进行规划，先是卖场总体的色彩规划，再是陈列组合面的色彩规划，最后是单柜的色彩规划。

（一）掌握卖场的色彩平衡感

一个卖场四个方位，通常按照由前到后、由明到暗的顺序排列。明度高的服装放在卖场的前部，明度低的服装放在卖场的后面，这样可以增加卖场的空间感。如书后彩图6-28所示。

（二）明确主色调

在构建模特、橱窗、板墙与流水台等陈列资源时，首先要确定一个核心色彩，一般以主要的、高利润的、能够体现品牌特点的、季节性主打商品为主。这些商品的陈列面积通常是其他商品陈列面积的2~3倍，所形成的色彩关系是陈列色彩设计中的主要部分及主色调；第二步确定辅助色彩，再用间色进行填充。例如书后彩图6-29所示以中性色系为主，以暖色为搭配色，提亮场区。

每做一杆陈列，要分清楚这一杆内的主色、辅助色和点缀色。一般主色要占到50%左右的比例，辅助色占到35%左右，而点缀色不需要太多15%左右就够了。如书后彩图6-30所示。

（三）卖场色彩的管理

由于季节、流行变化、商品上市安排或者促销等不同情况，卖场应制定不同的商品陈列色彩指导方案。每季产品或每一个主题产品，在遵循整体陈列色彩设计的前提下，应隔一段时间局部调整商品陈列色彩的组合方式，使卖场产生新鲜的陈列色彩印象。根据商品销售量的好坏，将畅销商品和非畅销产品重新搭配组合，产生新的商品陈列色彩设计，以畅销带动滞销，减少库存。

二、模特色彩搭配方法

（一）十字交叉法

十字交叉法，一般为模特的上装和下装的色彩互换，让人能明显感受到变化。见书后彩图6-31。

（二）平行组合法

平行组合法为模特的上装下装的色彩统一，给人以稳重感。见书后彩图6-32。

（三）点缀法

用丝巾、包或其他一些饰品点缀呼应，寻找统一感。见书后彩图6-33。

三、商品色彩配置结构

（一）垂直构成

垂直构成规律感很强，如书后彩图6-34所示。

（二）水平构成

水平构成给人以安定感和平静的感觉，一般用于层板上的陈列。如书后彩图6-35所示。

（三）斜线构成

斜线构成具有变换性和动感性，多用于层板的陈列，使店铺具有层次感。如书后彩图6–36所示。

（四）十字构成

垂直+水平、垂直+斜线，十字构成可以集中视觉，给人以强烈的安定感。如书后彩图6–37所示。

四、陈列色彩设计的配色原则

（一）渐变法

渐变法将色彩按明度深浅的不同依次进行排列，色彩的变化按梯度递进，给人一种宁静、和谐的美感，这种排列法经常在侧挂、叠装陈列中使用。渐变法适合颜色梯度比较大的产品，在侧挂陈列中一般是从左到右，颜色由浅到深，也通常用中性色进行间隔。

1.上浅下深

一般来说，人们在视觉上都有一种追求稳定的倾向。因此，通常我们在卖场中的货架和陈列面的色彩排序上，一般都采用上浅下深的明度排列方式。就是将明度高的服装放在上面，明度低的服装放在下面，这样可以增加整个货架服装视觉上的稳定感。在人模、正挂出样时我们通常也采用这种方式。但有时候我们也经常采用相反的手法，即上深下浅的方式，以增加卖场的动感。如书后彩图6–38所示。

2.左浅右深

这种排列方式在侧挂陈列时被大量采用，通常在一个货架中，将一些色彩深浅不一的服装按明度的变化进行有序排列，这样会在视觉上产生一种井井有条的感觉。可以左浅右深，也可以左深右浅。如书后彩图6–39所示。

渐变法不适应明度及色相太接近的服装，通常加入一个明度较暗的中性色，使服装陈列变得有精神，如书后彩图6–40所示。

3.前浅后深

服装色彩明度的高低，也会给人一种前进和后退的感觉。利用色彩的这种规律，我们在陈列中可以将明度高的服装放在前面，明度低的放在后面。而对于整个卖场的色彩规划，我们也可以将明度低的系列有意放在卖场后部，明度高的系列放在卖场的前部，以增加整个卖场的空间感。

（二）间隔法

间隔排列法是通过两种及两种以上的色彩间隔和重复产生了一种韵律和节奏感，使卖场中充满变化。间隔排列法，由于其灵活的组合方式以及适用面广等特点，同时又加上美学上的效果，使其在服装陈列中广泛运用。

色彩间隔的技术要点：在采用色彩间隔法的时候，通常先将本柜的服装色彩进行调整——将同样的色彩归在一起——找出本柜中数量最少的、颜色最出跳的色彩作为间隔的色彩。需要注意的是：用于间隔的产品数量要少，色调要比较突出，被间隔的产品数量最好是2、4、6或3、6、9等最好。如书后彩图6-41所示。

色彩间隔法在服装卖场的叠装、侧挂、正挂陈列中都能够常常见到，如书后彩图6-42所示。书后彩图6-43这组陈列是一个系列的产品，包含多种款式与色彩，其中橘红色是最亮丽的颜色。陈列时，陈列师将较鲜艳的橘红色穿插在其他产品中间，这里的橘红色起到了制造“节奏”的作用，同时令整个系列获得了消费者的关注。

间隔法的原理就是采用明度上或彩度上比较高的对比，使陈列柜变得更加醒目，因此在陈列柜和橱窗中得到了广泛的运用。间隔法和渐变法陈列所要注意的是，在一个陈列柜里陈列的服装，不仅要注意色彩的协调性，还要注意款式的搭配，切勿将风格不同或其他系列的服装混在一起。

（三）彩虹法

彩虹法就是将服装按色环上的红、橙、黄、绿、青、蓝、紫的排序排列，像彩虹一样，给人一种非常柔和、亲切、和谐的感觉。彩虹法实际应用相对较少，主要应用在一些色彩比较丰富的服装品牌中，也可以应用在一些装饰品中，如丝巾、领带等。如书后彩图6-44所示。

五、配色的技巧

（1）黑、白、金、银、灰是无彩色系，能和一切颜色相搭配。

（2）与白色相搭配时，应仔细观察白偏向哪种色相，如果白偏向于黄色，应作为淡黄色考虑，如果白偏向于蓝色，应该作为淡蓝色考虑。

（3）有明度差的色彩更容易调和（即我们平时所讲的同色系，拉开明暗度是关键）。

（4）在不同色相的颜色中加入黑色或白色就容易调和。

（5）在一组色彩中要有主色调，暖色调和冷色调亦可，不要平均对待各色，这样更容易产生美感。

（6）暖色系与黑色调和，冷色系与白色调和。

（7）在配色时，鲜艳明亮的色彩面积应小一些。

（8）本来不和谐的两种颜色，镶上黑色或白色会变得和谐。

（9）有秩序性的色彩配列在一起比较和谐。

（10）多种颜色搭配时，必须有某一因素（色相、明度、纯度）占统领地位。

六、主色调与点缀色及关系

服装色彩的主色调指在服装多个配色中占据主要面积的颜色。色彩占据的面积越大，在配色中的地位越重要，起主导作用；服装色彩的点缀色：指在色彩组合中占据面积较小，视觉效果比较醒目的颜色，用来陪衬点缀其他颜色。主色调和点缀形成对比，主次分明，富有变化，产生一种韵律美。

在配色过程中，无论用几种颜色来组合，首先要考虑用什么颜色作主体色调，其次要考虑各种颜色面积如何分配。如果各种颜色面积平均分配，服装色彩之间互相排斥，就会显得凌乱，尤其是用补色或对比色时，色彩的无序状态就更加明显，主色调就不存在了。

运用点缀色时应注意以下几点：

（1）一般情况下，点缀色比主色调鲜艳饱和，有画龙点睛的效果。在进行服装配色时，如果整体色调非常艳丽、明亮，可以考虑采用点缀色，例如一套红色套装以黑色纽扣作点缀。如果色调比较沉闷，色彩形象不那么鲜明时，可用点缀色来调节整套服装的气氛，如一套蓝灰色的服装，可用白色或黑色作点缀，也可以通过亮丽的服饰品来强调服装整体配色的精神，起到画龙点睛的作用，达到美化服装的目的。

（2）点缀色无论多么鲜艳或是多么灰浊，尽量不要超过一定的面积，以免改变服装的主体色彩形象。例如，白色套装局部用黑色来点缀。但是，如果在套装上又是绣花，又是镶拼，又是印字，点缀的东西达到一定程度以后，白色的主体地位就会动摇。当然，有时出于某种目的，服装配色并不一定要分清主体色与点缀色。有时，各种颜色相混杂，通过空间混合也会产生良好的色彩效果。

（3）点缀色也经常出现在服饰配件设计及面料花色设计中，例如，黑色的皮包常使用亮泽的金属扣作点缀，暗暗的花底色上以艳丽色彩作为点缀。

小结

人体大脑对服装色彩的感知最为突出。根据服饰品的色彩与风格进行陈列，是一种常见且行之有效的陈列方法。我们可以将色彩简单地分为有彩色和无彩色两大类，有彩色如红、橙、黄、绿、青、蓝、紫；无彩色如黑、白、灰。无彩色又叫中性色，具有协调两种冲突色彩的功能。色相、明度、纯度是色彩的三个基本要素，色彩具有冷暖、轻重、前进后退、膨胀收缩的情感。

一个陈列空间是由多种色彩组合而成的，服装卖场色彩的规划组合，不仅要重视总体的色彩规划，也要重视细节。我们可以通过色彩的对比，如色相对比、明度对比、纯度对比、冷暖对比、面积对比等来体现色彩与色彩之间的比较，也可以进行色彩调和。色彩不仅是传达视觉的重要因素，也是表达感情的有效途径，色彩经过组合，可以表达出不同的情感效应。

卖场的色彩要从大到小进行规划，要掌握卖场的色彩平衡感，明确主色调，根据季节、流行变化、商品上市安排或者促销等不同情况，制定不同的商品陈列色彩指导方案。卖场中针对模特的色彩搭配方法一般有十字交叉法、平行组合法、点缀法；商品的色彩配置结构有垂直、水平、斜线、十字构成；陈列色彩设计最常用的方法有渐变法、间隔法和彩虹法。只有掌握了相应的配色技巧，根据品牌的特点，利用上述的陈列色彩设计的方法，才能创造出和谐感、层次感、节奏感，用色彩诱导顾客产生购买的欲望。

思考题

1.解释名词：有彩色和无彩色，类似色和对比色，间色和复色。

2.什么是色彩的三要素?

3.什么是色彩的对比，色彩对比有哪些主要的类型?

4.模特色彩搭配方法有哪几种?

5.观察服装店铺，举例说明渐变法、间隔法、彩虹法在陈列设计中的应用。

第七章
橱窗设计

课题名称： 橱窗设计

课题内容： 橱窗的分类和作用

橱窗设计的基本方法

橱窗设计手法的综合运用

课题时间： 4课时

训练目的： 让学生了解和掌握橱窗设计的基本理论、基本知识，明确橱窗设计的内容，使学生具备初步的橱窗设计能力，适应基本的橱窗展示工作

教学方式： 讲授式教学、启发式教学、讨论式教学

教学要求： 1.让学生了解橱窗的基本知识。

2.让学生掌握橱窗设计的基本原则和橱窗的设计手法。

3.让学生橱窗中人模陈列的基本方法。

“橱”的本意是放置东西的家具，“窗”的本义是天窗，引申为房屋。《现代汉语词典》将橱窗定义为“商店临街的玻璃窗，用来展示样品”。现在橱窗的范畴已大大地扩展了，橱窗不仅是门面总体装饰的组成部分，还是商店的第一展厅，它是以本店所经营销售的商品为主，巧用布景、道具，以背景画面装饰为衬托，配以合适的灯光、色彩和文字说明，进行商品介绍和商品宣传的综合性广告艺术形式。

第一节　橱窗的分类和作用

一、橱窗的起源与发展

橱窗起源于欧洲，大约有一百多年的历史。国外知名品牌对橱窗设计都非常重视，他们已经把橱窗当做展示品牌文化最好的载体，它的发展大约可以分为四个阶段：

第一阶段：1900年欧洲百货业开始兴起，陈列设计作为商品的一种销售方式和销售技术出现，一些店铺经营者将皇宫中精美的装饰技术运用到商品销售中。19世纪40年代，随着新技术的出现，大规格的玻璃开始生产，法国巴黎的百货业马上利用大规格的玻璃作为商品展示的舞台，橱窗的概念随之产生。

第二阶段：20世纪20~40年代，欧洲的商家们开始重视如何将精美的商品展示在橱窗中，这段时期，人型模特和衣架开始流行，并得到了广泛的应用。

第三阶段：20世纪40~60年代，由于战后购物狂潮的泛滥，促使各种促销手段的迅速发展，并开始越加专业化。橱窗设计不再是简单的布置，而是朝着视觉营销的方向开始转变。

第四阶段：20世纪90年代，在欧美等发达国家，品牌旗舰店、概念店开始蓬勃发展起来。在这些店铺当中，为了提升知名度及推广品牌，经营者聘用设计师、陈列师为其设计橱窗方案及陈列方案，以此来提升品牌竞争力；橱窗展示在这个时候得到了前所未有的发展，并一直延续至今，这无疑是零售行业及商业经济进步的一种标志。

相对于欧美多年的繁荣景象，中国橱窗的发展起步较晚，虽然目前国内橱窗设计发展较迅速，但仍存在许多缺陷，如表现方式单调、缺乏创意性、服饰搭配技巧较差等。

商品陈列技术，特别是橱窗展示设计无疑是商业经济时代进步的一种标志，经过上百年的发展，橱窗展示已经成为推动商业发展的一种非常实用的方法。橱窗是店面的眼睛，是店铺内商品“精英”的荟萃和演示台，集中了卖场中最敏感的信息，具有直观展示的效果，其无声的导购语言、含蓄的导购方式也是其他营销手段无法替代的。成功的橱窗可以反映品牌的个性、风格和文化。在服装品牌竞争越来越激烈的今天，更多的服装品牌开始重视品牌文化和终端的营销管理，而橱窗作为产品促销及文化传播的有力“武器”，在终端已开始扮演越来越重要的角色。现如今，不同类型的店铺在不同的时期都会推出不同的橱窗，较小的零售店铺橱窗多以展示商品销售信息为主，大型百货商店的一些橱窗则经过一定的艺术创作，以达到引起关注甚至引起轰动的效果。但无论什么类型的橱窗，无疑都是店铺中留给陈列设计师自由创作空间最大的地方。橱窗设计的过程也是将橱窗内的商品或主题内容进行重新创造与设计的过程。

二、橱窗的分类

橱窗的构造形式由于结构不同，一般分为封闭、半封闭和敞开式三种形式。一般来讲，封闭式橱窗大多为场景设计，展现一种生活形态；半封闭式大多通过背板的不完全隔离，具有“犹抱琵琶半遮面”般的吸引功效；开放式则将产品形态或者生活形态完全展现给消费者，亲和力强。

（一）封闭式（书后彩图 7–1）

封闭式橱窗的后背装有壁板与店堂隔开，四面封闭，形成单独空间。一面安装或多面安装玻璃，隔绝装置的一侧安装可以开启的小门，供陈列人员出入使用。通常在其顶部留有充足的散热孔或通风设备，以调节内部温度，延长使用寿命，保护陈列的商品。封闭式橱窗比较适合有大空间的商场，比如大型的百货商场。封闭橱窗最容易营造气氛，体现故事的完整性。一般来讲，橱窗的宽度要与卖场的整体协调，深度和高度要利于商品的陈列、符合消费者的视觉习惯。另外，橱窗底部要高出人行道30~60cm，以行人的平视线角度为基准，结合卖场的实际规模而定。

（二）半封闭式（书后彩图 7–2）

橱窗与店堂采用各种分割形式，形成半通透的效果，这种橱窗称为半封闭式橱窗。结构上主要有两种形式：一种是没有固定底座，只在橱窗内放置展示道具及架子用以陈列商品，顾客既可从街上观看橱窗陈列和店内情形，又可在店内观看到橱窗内商品，使橱窗展示与店内店外环境相融，虚实并举，相得益彰。另一种是建有固定底座的橱窗，其使用的分割材料有很多种，如背板、玻璃、屏风、宣传画等。半封闭式橱窗能够很好地兼顾橱窗和店铺的展示效果，使用范围较广，实施方法灵活多样。

（三）开敞式（书后彩图 7–3）

开敞式的橱窗没有后背，直接与卖场的空间相通，人们可以透过玻璃将店内情况尽收眼底。这种形式对于显示店堂、展示商品、吸引顾客均具有特殊作用。国外商店多采用这种形式。但开敞式的橱窗在设计实施上具有极端的两面性：一方面是难度大，要求店面与橱窗无论在色彩、结构还是货品展示方面，都能形成统一完美的画面；另一方面是基于店铺的完美设计，无需用其他物品做过多的修饰，因此又简单易行。

若从销售意图来划分橱窗的类别，还可以将橱窗划分为：

1.以节日、特殊的纪念日为主线的主题设计

常见的节日有：春节、圣诞节、情人节、母亲节、父亲节、儿童节、国庆节等，特殊的纪念日如：成立周年日等。需要注意的是这种以时间为主线的主题设计，通常要比实际节日或特殊纪念日提前半个月到一个月的时间，以达到提前提醒顾客进行消费的目的。在色彩上一般都采用暖色调，表达喜庆、热烈、欢快的气氛。

2.以表现推广产品理念为主线的主题设计

这是许多品牌常用的橱窗设计方法，这一类的主题设计要求陈列设计师根据产品本身的特点和设计元素张显产品理念，操作的难度要大一些。

三、橱窗的作用

陈列设计师在进行橱窗设计之前应当充分了解橱窗的作用，并根据需要确定橱窗展示的目的。

（一）与顾客沟通的桥梁

由于橱窗位于店铺最易让顾客看到的位置，因此橱窗几乎是店铺当中最能有效演示或展示商品的区域。当然橱窗不仅用于演示商品，有时也根据品牌或设计师的需要展示不同的内容。不管橱窗展示什么内容，橱窗的首要任务是产生较强的吸引力，使人驻足停留在橱窗前，与消费者沟通，抓住顾客的感受，以达到招揽顾客的目的。陈列设计师在进行橱窗设计时，就是要把它当成一个沟通的桥梁，通过对橱窗的设计与布置将需要展示或交流的信息传递给消费者。对于陈列设计师而言，拥有良好规格橱窗的店铺更受他们的欢迎。

（二）品牌与店铺的广告

橱窗就如一个位置固定的广告，而且比起其他的广告形式，它离顾客更近且费用低廉。如果我们把店铺比作一个美丽的姑娘，那么橱窗就是她的眼睛，其存在与好坏决定店铺是否更吸引人。品牌广告往往体现品牌信息与品牌文化，橱窗设计师可以通过对橱窗风格的长时间把控，使消费者经过长时间的信息接收后对品牌类型及其风格有一个深刻的印象，并能使品牌在消费者的心中占有一席之地。

（三）店铺销售信息的窗口

销售信息是我们在橱窗当中最常见的内容，橱窗通过展示销售信息，让顾客及时了解店铺内待销商品的情况。比如换季降价打折信息、新品上市信息等。

（四）引导消费潮流的风向标

橱窗应随着社会环境和自然环境的变化而改变设计，橱窗一般向顾客陈列的是最畅销或新潮的商品，并通过色彩搭配、特殊的造型体现店铺的格调、吸引行人的注目，因此好的橱窗还具有指导流行趋势、引导消费潮流的作用，以一种直观的方式向人们传递着时代流行的讯息。

（五）展示城市文化的名片

作为商业展示的橱窗，它已不简单是商品广告视窗，而是一个城市的亮点，它能传达这个城市的物质生活发展水平，能了解这个城市的地域特征和历史文化内涵，能体现这个城市的精神风貌。不同地域、不同文化背景下的橱窗，不仅在风格上有所不同，同时也映照出一个城市的经济实力和文化水准。

第二节 橱窗设计的基本方法

一、橱窗陈列的基本要求

橱窗的设计，首先要突出商品的特性，同时又能使橱窗布置和商品介绍符合消费者的一般心理行为，即让消费者看后有美感、舒适感，对商品有好感和向往心情。好的橱窗布置既可起到介绍商品、指导消费、促进销售的作用，又可成为商店门前吸引过往行人的艺术佳作。

橱窗的设计要根据店铺的规模大小、橱窗结构、商品的特点、消费需求等因素，选择具体的布置方式。要遵循以下几点要求：

（1）橱窗的高度要适宜。要使整个橱窗内陈列的商品进入顾客视野，橱窗的高度应与大多数人的身高一致，最好能使橱窗的中心线与顾客视平线相当，橱窗底部的高度以成人眼睛能看见的高度为好，一般离地面80～130cm。所以，大部分的商品可以在离底部60cm的地方进行陈列，小型商品在100cm以上的高度陈列。如果用模特，则可直接放在地上，不用增加高度了。

（2）考虑顾客的行走路线。橱窗是静止的，但顾客却是运动的。因此，橱窗的设计不仅要考虑顾客静止的观赏角度和最佳视线高度，还要考虑橱窗自远至近的视觉效果，以及穿过橱窗前的“移步即景”的效果。为了使顾客在最远的地方就可以看到橱窗的效果，橱窗的创意要做到与众不同，主题要简洁。

（3）橱窗的设计要与整体相适应。橱窗的设计规格不能影响店面外观造型，应与商店整体建筑和店面相适应。

（4）陈列内容要与实际一致。橱窗内容与商店经营实际相一致，卖什么布置什么，不能把现在不经营的商品摆上，使陈列的商品失去真实感，让顾客感到橱窗陈列只是造作。橱窗内所展示的商品，除了应该是现在店中实有的，也应该是充分体现商品特色、吸引顾客产生购买欲望的商品。

（5）商品陈列要表现诉求主题。陈列商品时要确定主题，使人一目了然地看到橱窗内宣传介绍的商品内容。我们不仅要把橱窗放在自己的店铺中考虑，而且还要考虑橱窗的外部环境。顾客在橱窗前停留的时间很短，因此要用最简洁的陈列方式告知消费者你要表达的主题。比如：运动时尚、生态环保、都市生活等。

（6）商品陈列要有丰满感。商品要有丰满感，这是商品陈列的基础，缺了丰满感顾客就会感到商品单薄，没有什么可买的。还要做到让顾客从远处近处、正面侧面都能看到商品的全貌。除根据橱窗面积注意色彩调和、高低疏密均匀外，橱窗布置应尽量少用商品作衬托、装潢或铺底，商品数量不宜过多，也不宜过少。

（7）商品陈列艺术化。橱窗实际上是艺术品陈列室，通过对产品进行合理的搭配，来展示商品的美。经营者在橱窗设计中应站在消费者的立场上，把满足他们的审美心理和情感需要作为目的，可运用对称与不对称、重复与均衡、主次对比、虚实对比、大小对比、远近对比等艺术手法，表现商品的外观形象和品质特征，也可利用背景或陪衬物的间接渲染作用，使其具有较强的艺术感染力，让消费者在美的享受中，加深对商店的视觉印象并产生购买欲望。如书后彩图7-4所示，路易·威登的橱窗采用的重复的艺术手法，利用白色的纸质衬衫为元素，通过艺术的造型给人留下深刻的印象。

（8）商品陈列要生活化。要让消费者产生亲切的感受，心理趋于同化，可通过在橱窗上设计一些具体的生活画面，使消费者有身临其境的效果，促使消费者产生模仿心理。

（9）橱窗设计要有时效性。橱窗陈列季节性商品必须在季节到来之前的一个月预先陈列出来，这样才能起到迎季宣传的作用。在进行商品陈列前，应先确定主题，千万不可乱堆乱摆，而分散了消费者的视线。

（10）橱窗灯光要区别对待。光和色是密不可分的，为了准确表现服装的色彩，应为橱窗配上适当的顶灯和角灯。一般要求灯光的使用越隐蔽越好，色彩要柔和一些，避免使用过于复杂、鲜艳的灯光。在夜晚要适当加强橱窗里的灯光强度，一般橱窗中灯光亮度要比店堂中提高50%~100%。

（11）保持橱窗的清洁。在设计橱窗时，必须考虑防尘、防热、防淋、防晒、防风等，要采取相关的措施。橱窗应经常打扫，保持清洁。橱窗玻璃洁净，里面没有灰尘，会给顾客很好的印象，引起顾客购买的兴趣。

（12）及时更换过季的展品。一般来说，消费者观赏浏览橱窗的目的是想获得商品信息或为自己选购商品收集有关信息。消费者当然希望所得到的资料和信息是最新的，陈旧的信息资料不能引起消费者应有的注意，更无法激发购买欲望。因此，橱窗展品必须是最新产品或主营商品，必须能够向消费者传递最新的市场信息，以满足消费者求知、求新的心理欲望。所以店主要经常更换和及时展示畅销品、新潮时尚商品。过季商品如不及时更换会影响整个商店在消费者心目中的形象。

在现代商业活动中，橱窗既是一种重要的广告形式，也是装饰店面店铺的重要手段。一个构思新颖、主题鲜明、风格独特、装饰美观、色调和谐的店铺橱窗，与整个店铺建筑结构和内外环境构成立体画面，能起到美化店铺和内容的作用。

二、橱窗陈列设计的原则

（1）明确：根据商品的特点来决定陈列的形式，准确地表达商品的特点。结构要明确清晰，要准确表达出展品的设计特色和优势。

（2）简练：橱窗内装饰的用量适度，与橱窗大小要成比例，不能无节制地使用装饰。一般来讲为了突出品质感，越高档的物品装饰越少。

（3）统一：为了带给观众鲜明印象，同一组物品陈列，无论色彩、材质都要统一。

（4）分组：橱窗中展品的摆放要注意分组，以便逐步地吸引参观者的注意，如果没有分组，就无法引导参观者的视线清晰地、有重点地观看展品，就会让人觉得混乱。

（5）余白：为了突出重点，就要在各个分组之间留有余白，否则各组无法独立。为了体现价值感，高级的展品余白要多。

（6）立体：陈列要有空间感，远、近、高、低要分明。

（7）点缀：注意使用能突出主题的物品来进行点缀，不但能营造气氛，还有助于吸引远处的观众。

（8）创意：橱窗陈列在设计上要注重“创意”，要利用商品和道具的特点，营造一种能够引起顾客好感的气氛，并在这种气氛下，使商品的特点得到有效的展示。

三、橱窗中模特陈列的基本方法

一般来说，服装专卖店的单个橱窗宽度基本是在1.8~3.5m，深度在0.8~1m。每个橱窗都有一些基本的构成元素，如：服装、模特、道具、背景、灯光等，而模特道具和服装产品是橱窗中最主要的元素，这两种元素决定了橱窗的基本构架和造型。一旦在橱窗展示中运用了模特，那么模特陈列方式的变化将会是多数消费者的关注点，所以陈列师要注重模特陈列方式的设计，对模特进行组合和变化，产生间隔、呼应和节奏的感觉来使消费者产生兴趣。

（一）单个模特

单个模特的陈列比较单调，一般通过改变模特的身体朝向与背景的搭配来形成特色，如图7–1所示。为了使陈列的视觉更丰富，单个模特的陈列也经常借助于陈列道具。

（二）两具模特

两具模态可并排于橱窗一侧，或居中排列，但要注意两者之间的位置关系。并列放置的两个模特能给顾客留下整齐、和谐的感觉，但同时也会略显呆板，一般由模特的姿势和

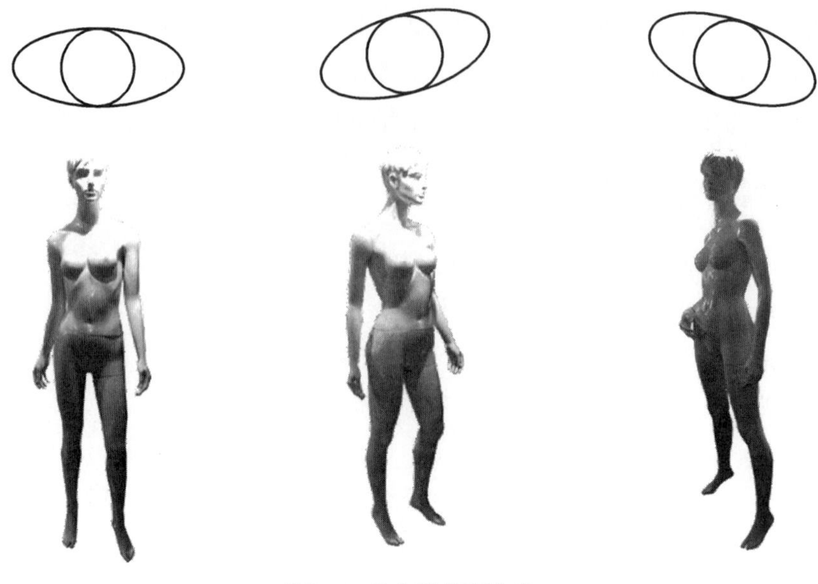

图7-1　单个模特的陈列

脸部方向来决定，或者通过服饰色彩的配合形成纵深感和层次感。如图7-2所示为两具模特并列放置时的组合。

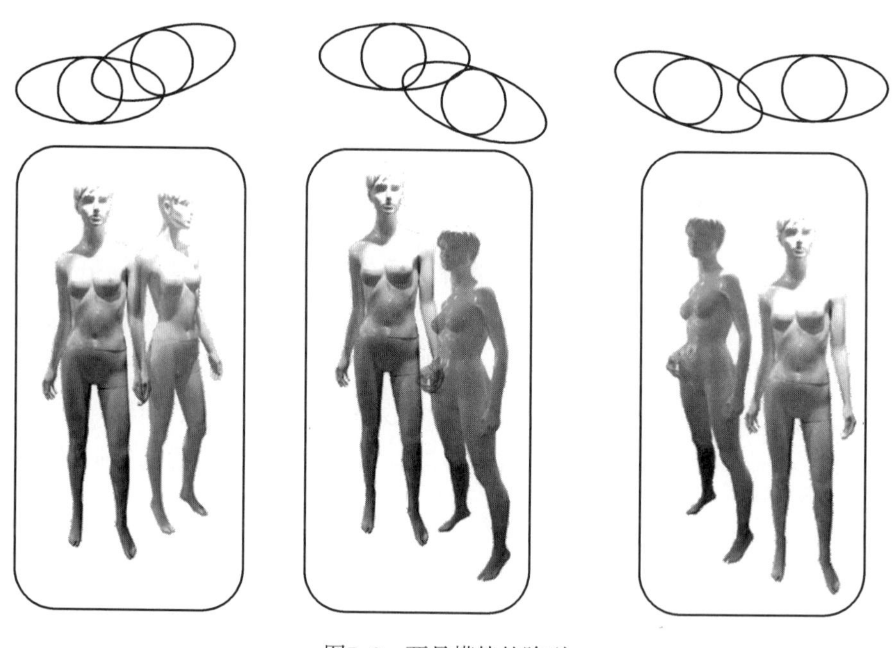

图7-2　两具模特的陈列

前后陈列模特时不要放在一条直线上，把其中一个放在稍前或稍后一些会更好；两个模特也可选择不同姿态的模特组合，要经常变换模特的位置及角度，以提高视觉美感，也可选择高低不同的陈列方式，如图7-3、图7-4及书后彩图7-6、彩图7-7所示。

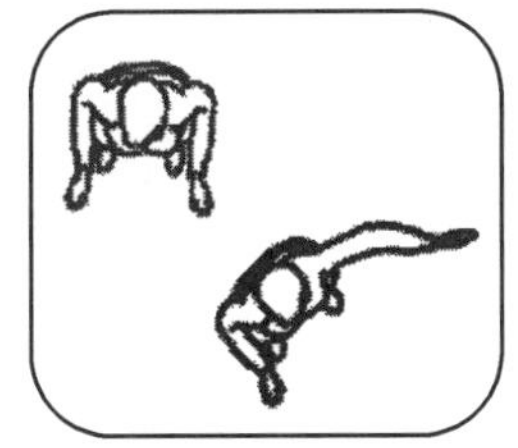

图7-3 两具模特姿态和位置的变化

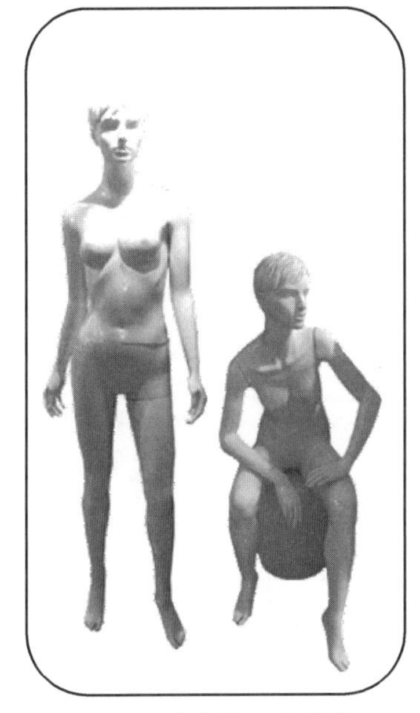
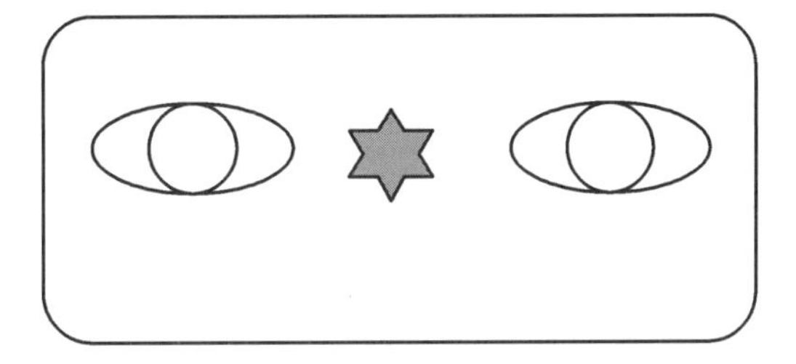
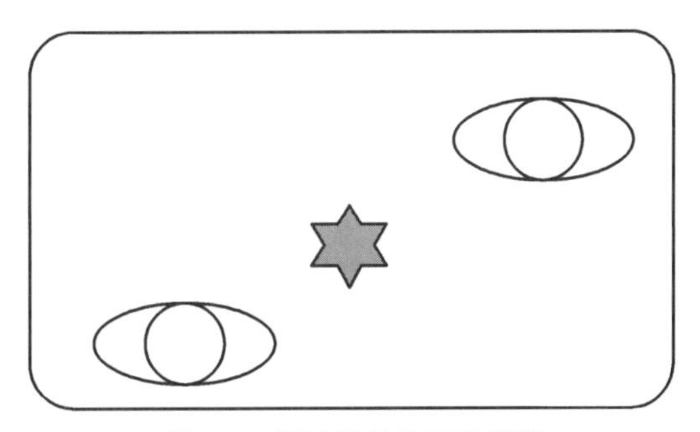
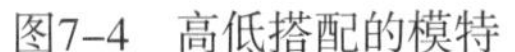

图7-4 高低搭配的模特

图7-5 借助道具的两具模特

两个模特并列陈列，聚到中央陈列时，可得到视线集中和整齐的效果，但变化感和生动感会有些不足。这个时候可以借助桌子或饰品，把桌子或季节饰品放在中央，模特两边陈列，如图7-5所示。需要提醒的是季节饰品应与模特展示商品有密切的相关性，产生变化和节奏感。

（三）三具模特

三具模特要形成阵势，应该注意动感和协调性以及相互之间的呼应。常见的变化方法有以下几种：

1.横向位置的变化

人模只是在横向的间距上进行变化，前后不变化，产生一种规则的美感。

（1）横向等距（图7-6）。

（2）横向不等距（图7-7）。

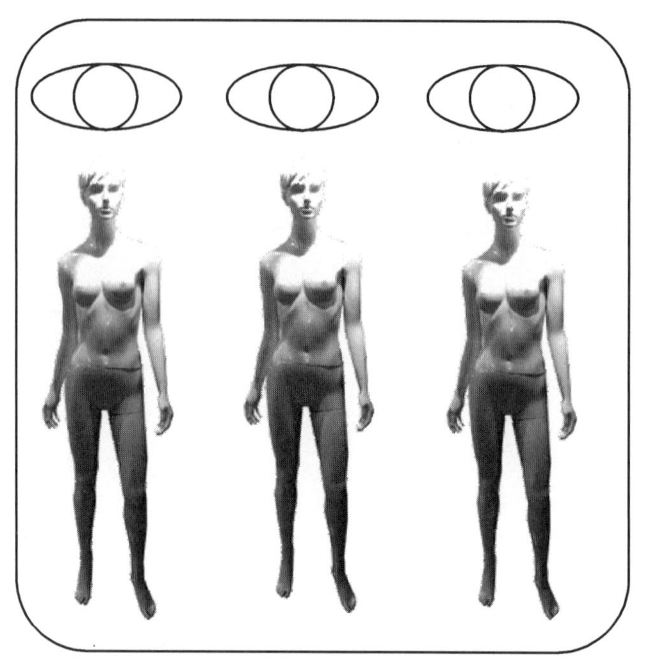

图7-6 横向等距的三具模特

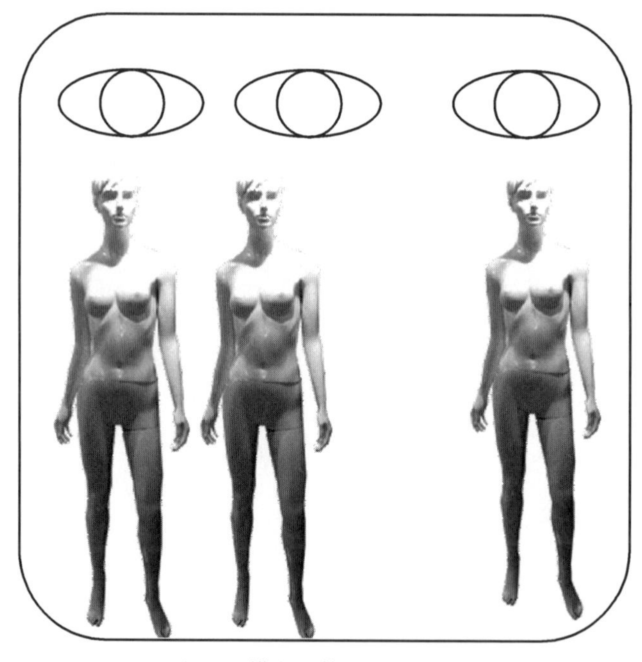

图7-7 横向不等距的三具模特

2.纵向位置的变化

模特在前后位置上发生变化，可以使橱窗空间产生层次感，一般采用这种位置变化。

（1）前后变化、横向等间距（图7-8）。

（2）前后变化，横向变化（图7-9）。

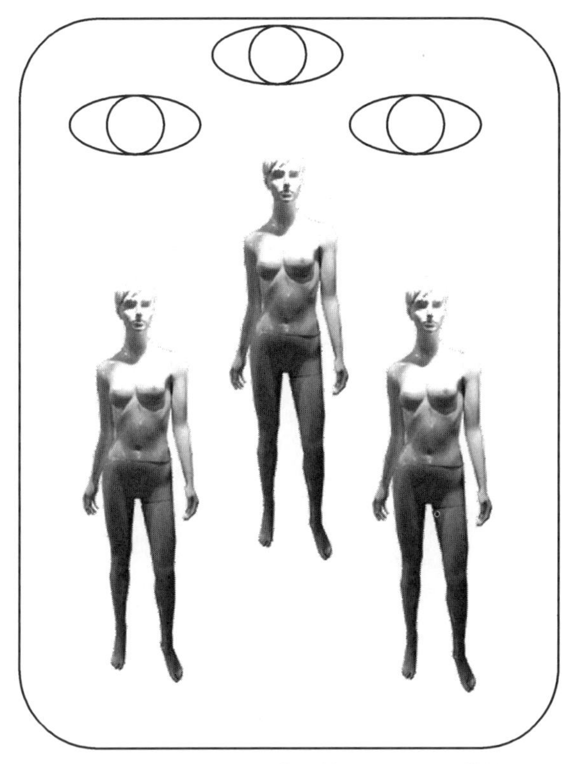

图7-8　前后变化、横向等间距的三具模特

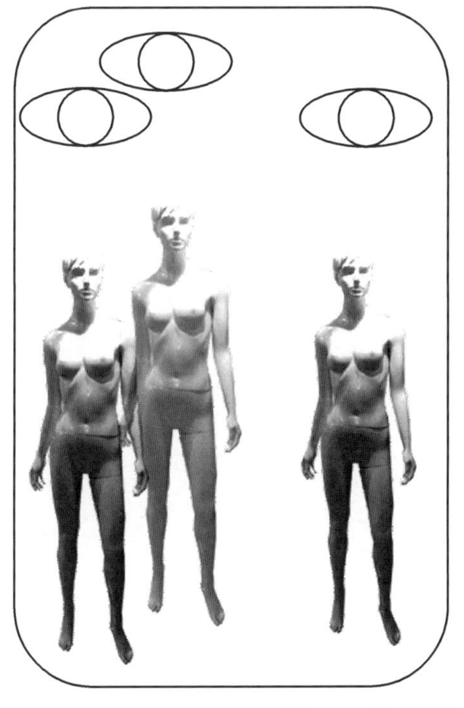

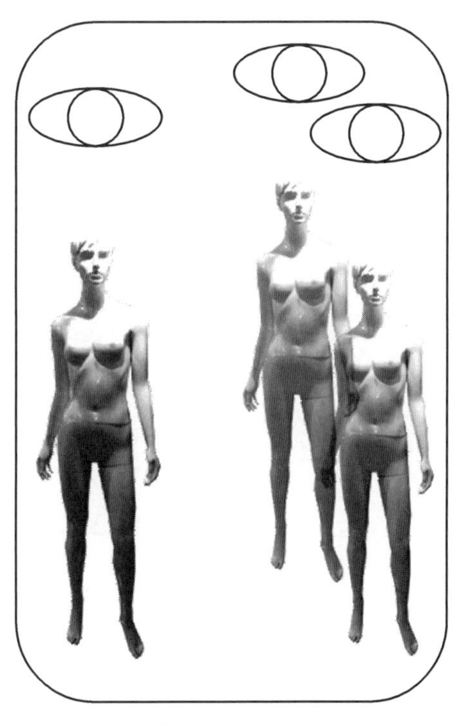

图7-9　前后变化、横向变化的三具模特

3.模特身体朝向的变化（图7–10）

陈列师在设计模特陈列方式时，尤其要注重模特身体朝向的变化。国外的陈列设计师很注重模特的编排和方向的变化，我们也可以选择不同的身体朝向和不同姿态的模特组合。

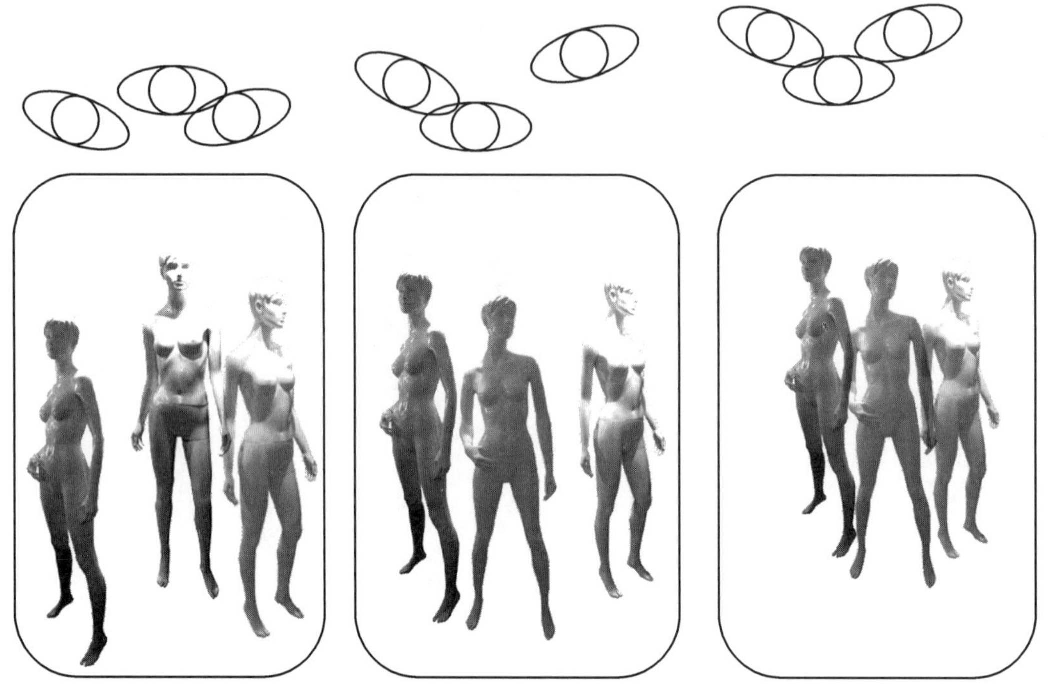

图7–10 不同身体朝向的模特组合

模特的姿势要有不同的角度，不可以全部都向前面，可配合服装的卖点而展示模特的正面或侧面；模特展示须有情节感，可采用角形原理展示。如图7–11、书后彩图7–8所示。

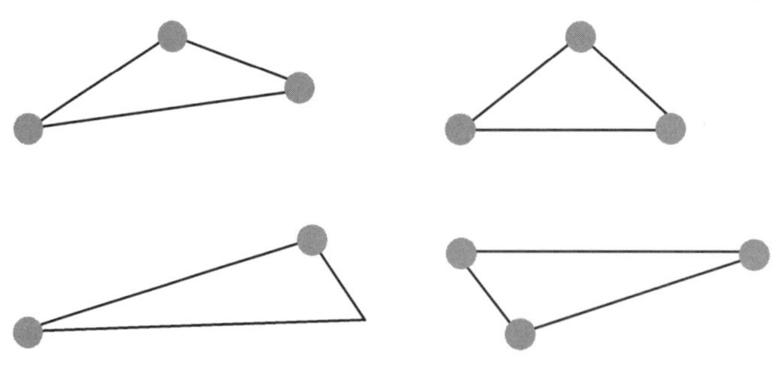

图7–11 模特排列的角形原理

4.高低不同的排列方式（图7–12）

为了使模特的展示更加生动和丰富，我们可以选用不同的模特姿态，如坐姿的模特也是专卖店经常选用的，这样可以产生高低的起伏感。如书后彩图7–9所示。

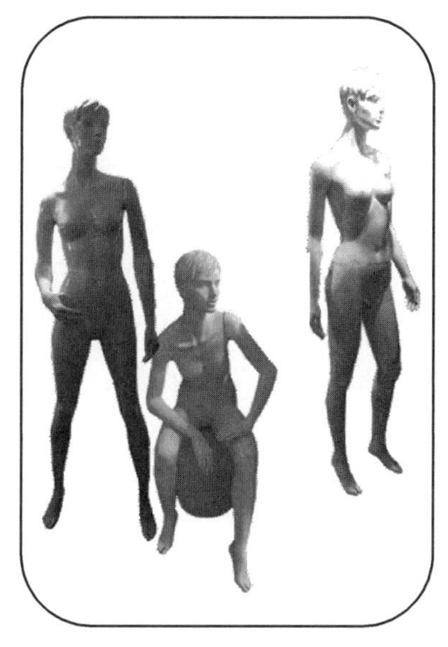
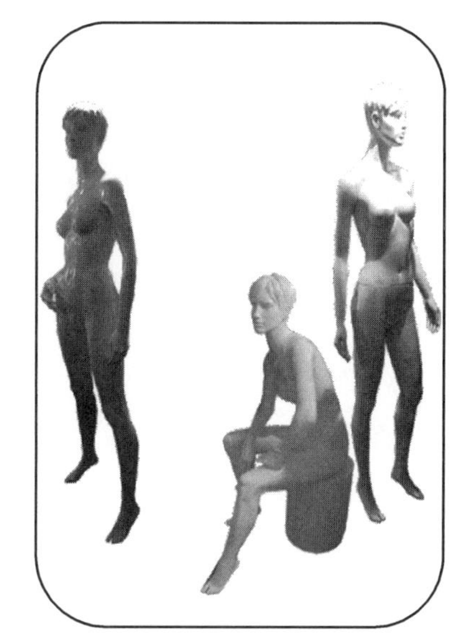

图7-12　高低不同的三具模特排列

橱窗中，如果选用的模特少（只有一个），就要选用特殊而有创意的道具，突出商品的地位和风格。如果选用模特多（3个或3个以上），就一定要形成阵势，可以借助模特的姿势、展示服装的色彩或借助饰品、桌子等产生变化，达到视觉上的美感。如书后彩图7-10所示为四具模特的陈列。

第三节　橱窗设计手法的综合运用

对于服装店而言，橱窗就相当于一个人的脸面。店铺的服装好看不好看，从橱窗便可以推断出来。所以，橱窗对于服装店铺的作用很重要。一个服装店最好设置一个橱窗，面积大的店面可以单独划出一定的空间，设立一个专属的橱窗。面积小的店面可以利用门后、夹角、地台等空间隔离一个所谓的橱窗。橱窗无论大小，都要吸引顾客注意力，能见度要高，为此，橱窗的位置应尽量靠近门前或者是靠近人流主道的位置，而且前面没有遮挡物；在橱窗的布置上要突出店铺所经营服装的特色，而且要比店面内部更加生动、形象，甚至有点抽象。橱窗设计的手法多种多样，根据不同的品牌风格和橱窗尺寸的不同，可以对橱窗进行不同的组合和构思。

一、橱窗设计的表现手法

（一）直接展示

道具、背景减少到最低程度，让商品自己“说话”。运用陈列技巧，充分展现商品自身的形态、质地、色彩、样式等。

（二）寓意与联想

寓意与联想可以运用部分象形形式，以某一环境、某一情节、某一物件、某一图形、某一人物的形态与情态，唤起消费者的种种联想，产生心灵上的某种沟通与共鸣，以表现商品的种种特性。如书后彩图7-11所示，橱窗中老式的缝纫机，可以使消费者产生一种复古怀旧的情绪，联想到该品牌的服装是经过精美的手工缝制而成。也可以用抽象几何道具通过平面的、立体的、色彩的表现来实现。生活中两种完全不同的物质，完全不同的形态和情形，由于内在的美的相同，也能引起人们相同的心理共鸣。

（三）夸张与幽默

合理的夸张放大了服装的特点和个性，强调事物的实质，给人以新颖奇特的心理感受。

二、橱窗设计的陈列方法

1.时间陈列

以时间为契机展开的一种陈列方法。通常是以季节、节日等为契机，结合市场需求向消费者推出新的商品。以时间为主线的设计，通常要比实际节日或特殊纪念日提前半个月到一个月的时间，以达到提醒顾客进行消费的目的。如书后彩图7-12所示，橱窗中采用了落叶这一元素，让人很明显地感受到秋天来了。

2.场景式陈列

构建某种生活场景或情节画面，吸引顾客驻足，引发共鸣。如书后彩图7-13所示，橱窗营造出小孩玩耍的生活场景。

3.系列式陈列

在橱窗里摆放一系列的各类商品，既可以是同质同类，也可以是不同质不同类。如书后彩图7-14所示，橱窗中采用相同造型的模特穿着同样的服饰，形成很强的系列感。

4.专题陈列

以一个特定专题为中心，围绕某一特定事件，组织不同类型的商品进行陈列，向顾客传达某一主题，如世界杯陈列、圣诞节陈列等。一般有节日陈列、事件陈列和场景陈列的形式。如书后彩图7-15所示，为以七夕情人节为主题的专题陈列。

5.特写陈列

运用不同的艺术形式与处理方法，抓住商品某一富有特征的部分，做集中、精细、突出的描绘和刻画，具有高度的真实性和强烈的艺术感染力。适用于新产品、特色商品广告宣传。服装设计中总是有卖点的，如果这个卖点足够漂亮或者凸显品牌的特色，可以将卖点无限放大，尤其是在背景处理上，往往能给人留下深刻的印象。如书后彩图7-16即为特写陈列。

三、橱窗设计的策划

一个成功的橱窗，应归因于设计师的创意力与陈列技巧，所以橱窗的设计方案和设计手段至关重要。

（一）前期准备工作

（1）了解商品整体营销计划。

（2）对即将展开的主题商品进行分析。

（3）流行趋势咨询收集。

（4）竞争对手分析。

（二）确定主题内容

我们可以从主推商品中推选出具有代表性、最具特征、最有说服力的一两点定为重点表现对象，形成定位概念，也就是决定设计主题。

（三）编写可行性实施计划

实施计划包括费用预算、制作周期、运输方式、各种图纸、现场操作人员、监督方式等内容。

服装橱窗的设计方法很多，一个好的橱窗设计师除了需要熟悉营销和美学知识、具备扎实的设计功底外，还要了解橱窗的结构、功能和材质，并能做到灵活表现。橱窗陈列通常一两个月就要更换，每一次更换后，道具等物品不要浪费，应将其回收、保管，以便进行二次设计、组合、重复使用，为企业节约橱窗设计经费。陈列设计师要顾全大局，了解每个商场的规定，制定便于店铺全面推广和实施的陈列方案。更重要的是陈列师必须时刻站在顾客的角度去审视陈列设计，只有抓住顾客的目光，使其与橱窗展示产生共鸣时，橱窗就实现了它真正的价值。

小结

橱窗不仅是门面总体装饰的组成部分，还是商店的第一展厅，它是以本店所经营销售的商品为主，巧用布景、道具，以背景画面装饰为衬托，配以合适的灯光、色彩和文字说明，进行商品介绍和商品宣传的综合性广告艺术形式。经过上百年的发展，橱窗展示已经成为推动商业发展的一种非常实用的方法。

橱窗的构造形式由于结构不同，一般分为封闭、半封闭和敞开式三种形式。一般来讲，封闭式橱窗大多为场景设计，展现一种生活形态；半封闭式大多通过背板的不完全隔离，具有“犹抱琵琶半遮面”般的吸引功效；开放式则将产品形态或者生活形态完全展现给消费者，亲和力强。

在进行橱窗设计之前应当充分了解橱窗的作用，橱窗是与顾客沟通的桥梁，是品牌与店铺的广告，是店铺销售信息的窗口，是引导消费潮流的风向标，又具有展示城市文化名片的作用。橱窗的设计要根据店铺的规模大小、橱窗结构、商品的特点、消费需求等因素，选择具体的布置方式。模特道具和服装产品是橱窗中最主要的元素，这两种元素决定了橱窗的基本构架和造型，所以陈列师要注重模特陈列方式的设计，对模特进行组合和变化，产生间隔、呼应和节奏的感觉来使消费者产生兴趣。橱窗设计的手法多种多样，根据不同的品牌风格和橱窗尺寸的不同，可以采用时间陈列、分类陈列、专题陈列、特写陈列等方法对橱窗进行不同的组合和构思。

思考题

1.橱窗的分类和作用是什么？

2.橱窗设计需要考虑的问题有哪些？

3.橱窗的设计手法有哪些？

4.橱窗中模特陈列有哪些基本方法？

5.考察一些知名的服装店铺，收集其成功橱窗设计的特别之处。

第八章

服饰陈列技巧

课题名称： 服饰陈列技巧

课题内容： 服饰陈列的基本规范

陈列展示技巧

陈列的形式美法则

课题时间： 6课时

训练目的： 让学生掌握服饰陈列的基本规范、陈列的基本形式，运用陈列的基本方法在各类服装中灵活运用，使学习者能灵活运用陈列的综合知识，设计出更好的陈列作品。

教学方式： 讲授式教学、启发式教学、讨论式教学

教学要求： 1.让学生了解服装陈列的基本要求。

2.让学生掌握常规的服装陈列方式的特点。

3.让学生掌握陈列的基本技巧知识和形式美法则，提高陈列人员综合知识的运用能力。

门头、橱窗、货架、道具、陈列等组成了销售终端的全部。门头与货架等属于品牌形象的硬件部分，而陈列则属于品牌形象的软件部分。合理的陈列商品可以起到展示商品、刺激销售、方便购买、节约空间、美化购物环境的重要作用。

第一节　服饰陈列的基本规范

一、服装陈列的基本要求

（一）整齐、规范、美观

服装店中首先要保持整洁，场地干净、清洁，服装货架无灰尘，挂装平整，灯光明亮，给顾客提供一个良好的购物环境。没有一个顾客愿意在杂乱无章的卖场中停留，整齐有序的卖场不仅可以使顾客在视觉上感到整洁，同时也可以帮助顾客迅速查找商品，节省时间；卖场区域的划分，货架的尺寸，服装的陈列展示、折叠、出样等能按照各服装品牌或常规的标准执行；服装陈列要考虑总体布局，不同的服装在排列时应有主有次，相互映衬，通过对造型、色彩的艺术组合，使整个服装陈列构成一幅五彩缤纷、多姿多彩的立体图画，以增强对顾客的吸引力。

（二）合理、和谐、直观

服装店的通道规划要科学合理，货架及其他道具的摆放要符合顾客的购物习惯及人体工效学，各种服装区的划分要与品牌的推广和营销策略相适合。同时还要做到服装陈列有节奏感、色彩协调，店内外的整体风格协调统一。服装陈列，应给顾客以直观的感觉，使顾客容易辨识服装的面料质量、款式和特点等。

（三）时尚、独特

在现代社会，服装是时尚产物，不管是时装还是家居服，无一不打上时尚的烙印，服装店的陈列也不例外。服装店中的服装陈列要有时尚感，让顾客从服装店的陈列中能够清晰地了解主推产品、主推色，获取时尚信息。另外，服装陈列要形成服装店自身一种独特的品牌文化，使整个服装店从橱窗的设计、服装的摆放、陈列的风格上都具有自己的独特风格，富有个性。

（四）齐全性

服装陈列，应最大限度地将品牌中各种不同花色品种的服装展示给顾客，使顾客对经营的服装有较全面的了解，从而有助于选购自己合意的服装商品。服装的陈列，要避免顾此失彼，以偏概全。

二、服装陈列的常规方式

根据品牌定位和风格的不同，服装陈列方式也各有不同。正挂陈列、侧挂陈列、叠装陈列、模特陈列为常规的四种陈列方式。

（一）正挂陈列（书后彩图 8–1）

正挂陈列就是将服装以正面展示的一种陈列形式，能够在正面看到商品全面的陈列方法。

1.正挂陈列的特点

正挂陈列是在衣架上陈列商品，能够进行上、下装和饰品的搭配，将商品和相关商品结合，突出服装的款式细节和卖点，可使人一眼看到展示服装的长处，吸引消费者之后，也可以作为试衣的样衣。正面挂装陈列较适用于流行款与主打款的展示，是目前服装店铺重要的陈列方式。

2.正挂陈列的规范

（1）同一挂架上必须展示同款同色或同系列的商品；所有正挂装的首件都必须组合搭配陈列，吊牌必须藏于衣服内，不能外露。

（2）正列挂装颜色渐变从外到内，从前到后，由浅至深，由明至暗。

（3）挂装尺码序列应从前往后、尺码由小到大：从外到内，尺码由小到大。

（4）挂钩一律朝左，方便顾客取放，衣架Logo面向顾客。

（5）一个正挂通商品数量为3~5件，非促销期，一个正挂通的商品不得少于3件。

（6）各挂架的间距必须保持匀称。

（7）正挂为带扣子的上衣：可以全部都扣好扣子，最多只能统一地解开最上面的1粒扣子。

（8）如有上下平行的两排正挂，通常将上装挂上排，下装挂下排。

（9）挂装产品须保持整洁，有折痕的货品应先熨烫平整后再挂列。

（10）非开襟类或针织类货品，挂装时衣架须从衣服的下摆放入。

（二）侧挂陈列（书后彩图 8–2）

侧挂陈列是将服装呈侧向挂在货架横竿上的一种陈列形式。

1.侧挂陈列的特点

（1）服装的形状保形性较好。由于侧挂陈列服装是用衣架自然挂放的，因此，这种陈列方式非常适合一些对服装平整性要求较高的高档服装，如西装、女装等。

（2）体现组合搭配，方便顾客进行类比。侧挂陈列便于顾客随意挑选。消费者在货架中可以非常轻松地同时取出几件服装进行比较，因此非常适合一些款式较多的服装品牌。由于侧挂陈列取放非常方便，许多品牌供顾客试穿的样衣常采用此种陈列方式。

（3）侧挂陈列服装的排列密度较大，对卖场面积的利用率也比较高。

（4）服装整理简单，取放方便。放入和取出货架都很方便，因此休闲装经常采用侧挂方式。

（5）侧挂陈列的缺点是不能直接展示服装，只有当顾客从货架中取出衣服后，才能看清服装的整个面貌。因此采用侧挂陈列时一般要和人模出样和正挂陈列结合，同时导购员也要做好顾客的引导工作。

2.侧挂陈列的规范

（1）应根据卖场空间大小合理安排每款商品的出样数量，每个款式出样不得少于2件。

（2）同一区域内款式一样的商品不得分开陈列，最好将各色商品并列陈列在一起，保持整齐。

（3）衣服要熨烫整齐，扣子务必全部扣好，拉链拉到最顶，吊牌不外露，无论上衣或下装都放置在衣服里面。

（4）同一挂通上颜色顺序一般为由外至内，由浅入深。颜色可按渐变或跳跃的原则来把握，但要自然有节奏；侧挂装有效的色彩陈列方式为：对称性、过渡性、间隔性陈列；注意冷暖色搭配和黑白色间隔。

（5）服装的正面一般朝左方，由左至右依序陈列。同一挂通上的挂钩朝向，必须统一从外向内钩。

（6）侧挂通上衣服的间距约为8cm左右，约四个手指的宽度；一个挂通上能挂几件服装依据此间距来推算。通常情况下，长横杆：春夏一般10~12件，秋冬一般6~8件；短横杆：春夏一般5~6件，秋冬一般3~4件；裤子侧挂：一般为4~6条。将各类产品搭配出样，方便相互搭配，有利于导购向消费者介绍，也避免商品单一款式挂样的平淡，形成趣味和联想。

（7）侧挂装尽量不要安排在壁柜的上半层，避免拿取不易；挂装时应熨烫整洁、无折痕，服装下端距离地面高度不得少于15cm。

（8）毛织、针织及浅色货品，三天更换一次为宜 。

（三）叠装陈列（书后彩图 8–3）

叠装陈列是采用折叠形式进行服装展示的陈列方式，在休闲装卖场中使用较多。

1.叠装陈列的特点

（1）空间利用率高，具备一定的货物储备功能。因为卖场空间毕竟有限，不能全部以挂装的形式展示商品，所以，采取叠装陈列，增加产品的陈列数量，有效节约空间。

（2）能够展示服装部分效果，大面积的叠装组合还能形成视觉冲击。比如休闲装着力突出量感，叠装容易给人一种货品充裕的感觉。

（3）和其他陈列方式相配合，丰富陈列形式，增加视觉变化。如一些高档女装品牌采用叠装和挂装结合的陈列形式。

（4）叠装陈列展示效果欠缺，不能充分展示细节，与挂装结合可扬长避短。其次是顾客试衣后整理服装比较费时。

2.叠装陈列的规范

（1）同季、同类、同系列产品陈列在同一区域内。

（2）叠装商品应拆包装陈列，灰尘较大的门店中白色服装可考虑不拆包装，但要包装整齐、美观；尽量将图案和花色展示出来，胸前有Logo的服装应显露出来，吊牌不外露。

（3）叠装应折叠整齐，每摞叠装应保持肩位、襟位、褶位整齐、平直。同一叠内形状一致，不得杂乱。

（4）叠装厚度为5cm~15cm，夏季薄面料产品每摞4~6件；冬季厚面料产品每摞2~4件。毛衫T恤2~4件，裤子4~6条；层板上每叠服装的高度要一致，上方一般至少留有1/3的空间，方便顾客取放。

（5）叠装每摞原则上所占位置不超过32cm × 36cm。每摞叠装的间距既不要太松，也不要太挤，应保持在10 ~ 15cm左右。

（6）每摞叠装的货品尺码序列应从上到下，由小到大。如图8-1所示。

（7）叠装陈列不宜在高度65cm以下或光线较暗的角落展示。经常调换陈列产品的位置，以免造成滞销。

（8）叠装区域附近位置尽量设计模特展示叠装中的代表款式，吸引顾客注意，增强视觉效果。同时摆放相应服装款式的海报、宣传单张，全方位展示代表款；叠装服装的相关配饰也应就近挂放在叠装周围，便于附加推销。

（9）根据面料属性不同，叠装应选择不易产生折痕的服装，如西服、西裤都不宜采用叠装。

图8-1 叠装尺码由小到大

3.叠装的技巧

（1）上装折叠：统一每款服装的折叠规格，协调长宽比例。用自制的叠衣板辅助折叠使规格统一，一般叠衣板长度为27~39cm，长宽比例约为1∶1.3。领子和前胸通常是上衣设计的重点部位，因此上衣折叠后领子和胸部的重要细节要展示完整，突出设计风格，左右领子边缘留出2cm的余量。

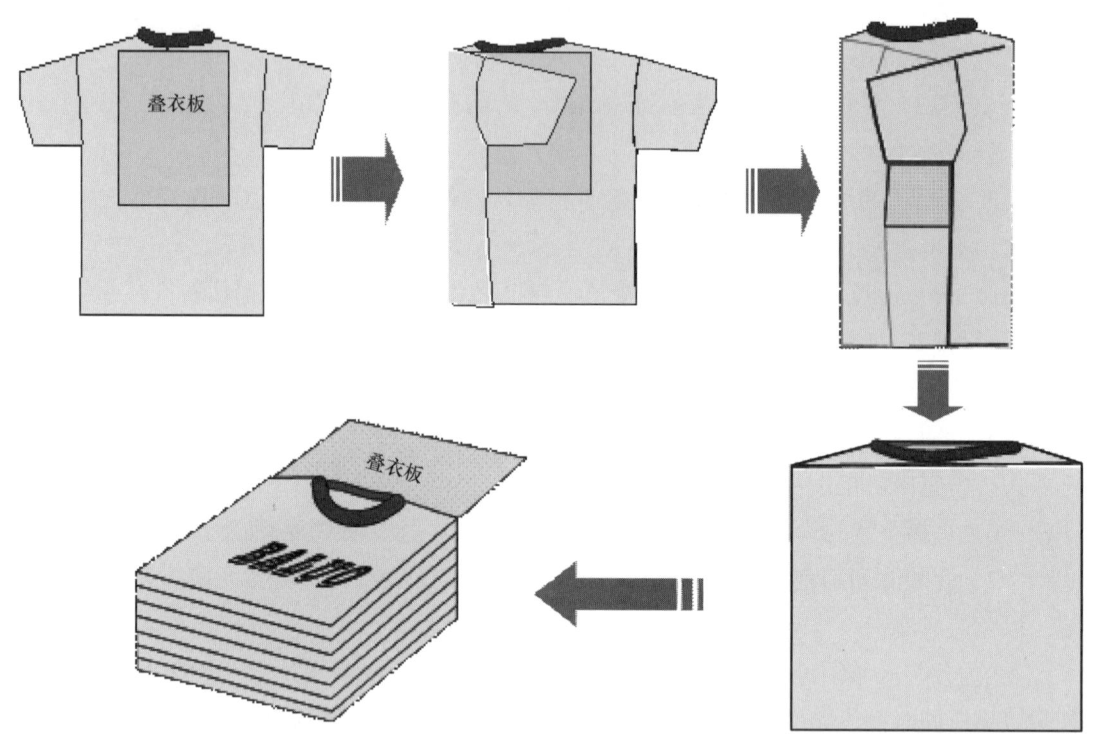

图8-2 上衣的折叠技巧

①一般折叠法（图8-2）。

a. 纽扣扣好，背面向上平铺。

b. 以领口为中心，一侧在肩线2/3处向中心翻叠。

c. 另一侧也向中心翻叠，保持左右对称，从下摆处向上翻叠。

d. 连续对折，保持对折后底边不超过肩线，叠好后将正面朝上。

e. 以领口为中心，上下左右平整、对称，将外缘调整成弧状，增强其立体感。

②留袖折叠法（图8-3）。

③门襟叠法：适用于展示前襟位置，比如纽扣、拉链、侧袋的卖点，也可以用来展示腰部内侧的特殊设计，比如撞色条纹的设计。

④拼图叠法：适用于展示独特的图案设计。以三件为单位，第一件T恤叠出图案的上半部分，第二件叠出图案的中间部分，第三件叠出图案的下半部分，三件一组，就组成拼图叠装了。如书后彩图8-4、彩图8-5所示为拼图折叠的方法。步骤如下：

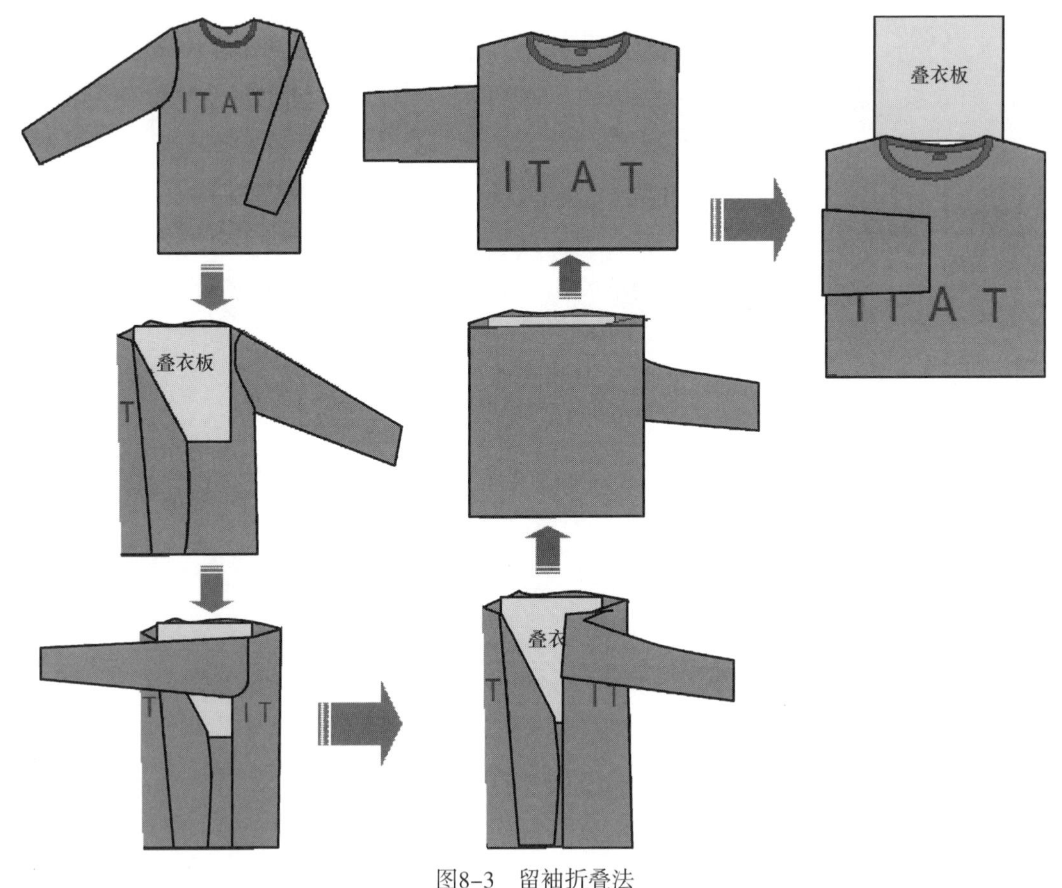

图8-3 留袖折叠法

a. 确定展示衣服的亮点。

b. 将服装正面朝下，叠纸板放在它的背面部位。

c. 将衣袖和衣身超出叠纸板的部位往叠纸板上折叠。

d. 再将领口和下摆部位往叠纸板上折叠形成长方形。

e. 最后将叠纸板短长度的一方往上折起。

f. 要将整个亮点折叠拼成原形图,故在折叠时要选择好每个图案的拼接部位。

⑤圆筒式叠装：折叠整齐后从衣服的底部开始往上卷即可。

（2）下装折叠：下装包括裤子和裙子，其设计点基本在腰部、臀部以及下摆。因此折叠时应能展示出这个部位的设计要点。如图8-4所示为裤子的基本折叠方法，另以书后彩图8-6、彩图8-7所示，举例说明裤子的其他折叠法。

书后彩图8-6所示折叠方法为：

a. 平整摆放裤装。

b. 将裤子对叠合并。

c. 裤头位置向$\frac{1}{4}$处由右方向层叠。

d. 裤脚向$\frac{1}{4}$处层叠，故裤头与裤脚相连接。

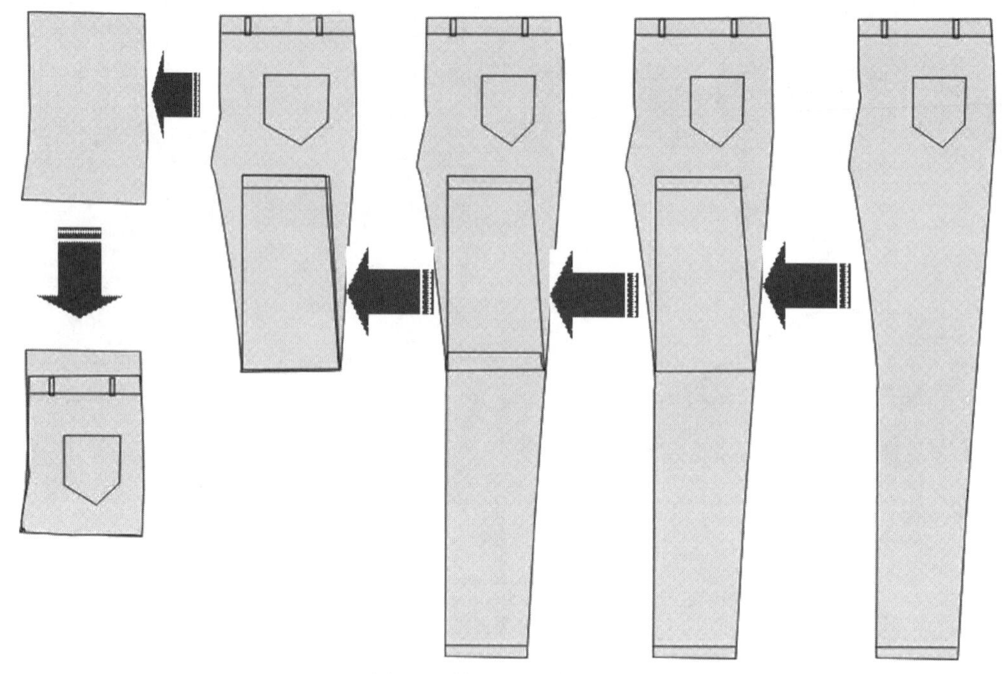

图8-4 裤子的基本折叠法

e. 由裤脚长度的$\frac{2}{3}$塞进裤头，必须持以整齐。（标识直线部份）

当裤子有特别展示部位时，叠法如书后彩图8-7所示，折叠方法为：

a. 平整好商品，两裤桶均匀地捆叠，卷出来的效果达到厚实、整齐、美观。

b. 将两边平衡在裤裆下方。

c. 再将其同时往上折一层以达到直线水。

d. 将其对叠利用裤桶与裤头的支撑立起来。

e. 将有卖点的一面展示在正面。

（四）模特陈列（书后彩图 8-8）

模特陈列是采用人体模特展示服装的陈列方式。大多数服装都采用模特展示方法销售。人们看到漂亮的展示，就会认为自己穿上也是这般漂亮，这是一种无法抗拒的心理。模特陈列一般有真人、假人模特展示，漂亮的营业员也可以充当模特，世界上第一位商业模特就是这样诞生的。

1.模特陈列的特点

（1）最接近人体穿着时的状态，能够充分展示服装。

以三维立体的方式展示服装的穿着状态，充分展现服装的设计细节和款式风格。

（2）通常放在显眼的位置，可以有效吸引消费者的注意力。

模特出样的位置通常为店铺的橱窗或店堂显眼的地方。它就像是一本书的封面，形象的表达品牌的设计理念和卖场的销售信息。能够在短短几秒钟内吸引过往消费者进店光顾。

（3）通常用来陈列当季重点推荐或能体现品牌风格的服装。

通常情况下用模特出样的服装，其单款的销售额都要比其他形式出样的服装销售额高。因此，当季重点推荐或能体现品牌风格的服装，就需要选择用模特出样。如果服装的主推款比较多的话，可以采用轮流出样的方式。

（4）占地面积大，穿脱不方便。

模特陈列占地面积大，所以要控制使用数量，如果数量太多就没有主次，反而不能很好地吸引顾客。其次是服装的穿脱很不方便，当顾客看上模特所着服装，而店堂货架上又没有这个款式的时候，营业员从模特身上取衣服就很不方便。

2.模特陈列的规范

（1）同一品牌的商业空间中展示的模特风格、色彩一般应统一。

（2）同组模特着装风格、色彩应采用相同系列。

（3）除特殊设计外，模特的上下身均不能裸露。

（4）配有四肢的模特，展示时应安装四肢。

（5）不要在模特上张贴非装饰性的价格牌等物品。

（五）摆放展示（书后彩图 8–9）

摆放展示一般用于陈列鞋、包、皮带、眼镜等装饰品，特点是款式花色较多，体积较小，陈列的时候要强调其整体性，丰富卖场的陈列效果。摆放展示的规范如下：

（1）在卖场中应单独开辟饰品区进行展示。

（2）摆放陈列中应注意朝向、间距、斜度的协调一致，不得杂乱，鞋子应靠近货柜的边沿摆放，不能放在层板中柜内较深的位置。

（3）较大体积的包具应放在较低的位置，包类展示应遵循从上到下从小到大的原则；皮包的长肩带和吊牌要收好：箱包要保持外形挺括，填充物充足：要在包里多塞些报纸或塑料袋，不能让箱包塌陷或有明显皱褶。

（4）小饰品应整理整齐，分类陈列，货品饱满，不得杂乱。

（5）眼镜应放于饰品柜中，先按款式分开，再根据颜色有条理地摆放。

服装在卖场中的形态不可能和现实中人体的穿着效果相同，有的服装款式折叠效果好，有的款式挂的效果更美，有的款式适合模特出样。因此要根据服装的款式特点将各种展示方式混搭进行。如：休闲类的T恤叠装展示，女士裙装一般用挂装展示。橱窗中的主推款一般用模特展示。在考虑正挂、侧挂、叠装的组合时，还要根据品牌的定位和价格等因素灵活应用，如低价位的服装销售额主要靠提高销售件数来达到，因此通常叠装中每叠的件数比较多。

第二节　陈列展示技巧

一、陈列展示的注意事项

陈列技巧的运用直接影响了服装陈列的效果。为了达到促进销售的目的，在进行服装陈列时，应注意以下几点：

（一）划分区域

陈列前要划分区域，组合需陈列的产品和配饰，设定专门的陈列主题，主次分明，颜色协调。

（二）迎合视线

一般来说，顾客进店后无意识展望的高度在0.8~1.8m，故服装陈列的高度应安排在这个幅度间并可适当向上延伸，但要防止过高或过低。一般会将主推款正挂于货柜的上半部，因为这一部分正好是顾客的黄金视野区，如图8-5、图8-6所示。

（三）合理搭配

不同款式、色彩、造型的服装，其搭配组合应给顾客以美好、新颖、浪漫、和谐的感觉。服装陈列要反映出鲜明的主体感，显得总体协调，各具特色，切忌繁杂无章，色彩单调，缺乏生气。特别是系列化陈列要注意主次颜色的选定和协调。

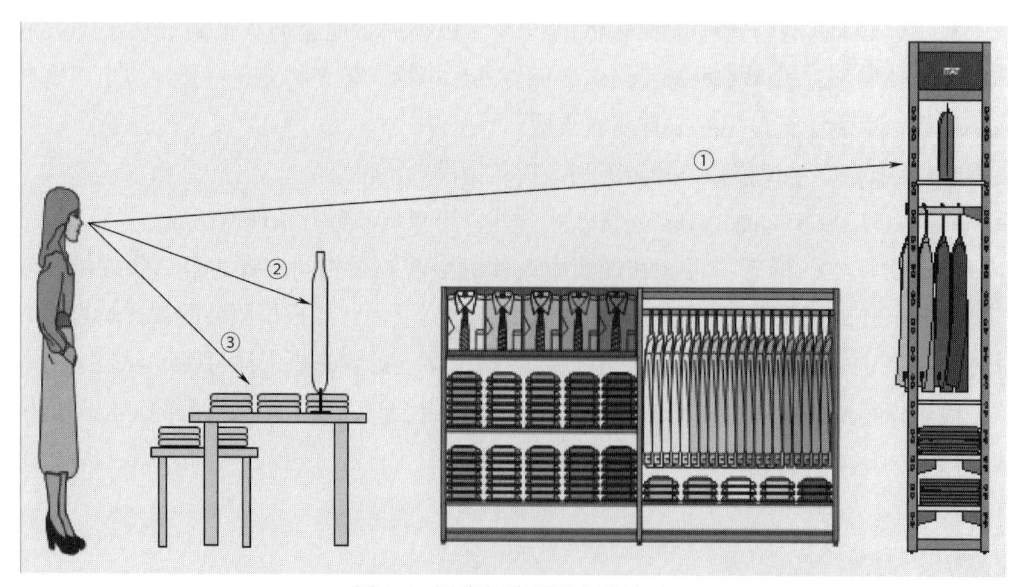

图8-5　视线与陈列组合的关系

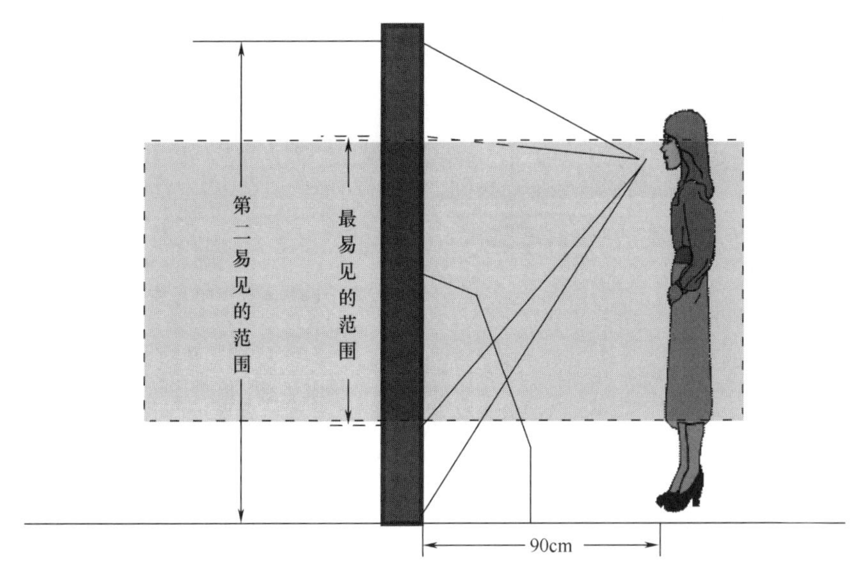

图8-6　顾客易看见的最佳范围

（四）道具使用

道具是服装陈列的必备用具，是加强陈列效果的必要手段。不同特点的服装，只有选择适当的道具，才能呈现应有的艺术效果。例如套装、连衣裙等，应该用全身模特展示；上装、衬衫等应该用半身模特展示。各种定型衣架，适合陈列上装；简易“丁”字架，适合陈列裤子等。此外，还可借助衣夹、小木棍等，对服装的造型陈列起固定作用。

（五）层次处理

柜台、货架上的服装陈列，应在划分种类的基础上，按规格大小依次分层存放，既整齐美观，规格齐全，利于顾客挑选，又方便售货员操作。如书后彩图8-10所示陈列货品太过单一，显得货量不足，经过调整以后货量丰富。

除此之外，根据服装面料厚薄及款式长短的不同，陈列方式一般为由前到后，由薄到厚，由长到短，也可灵活运用营造不同的视觉享受和多角度展示货品。价格便宜的服装应陈列在价格昂贵的服装前面。

二、常用的陈列方法

（一）系列化陈列

精心规划，按系列化原则将商品集中在一起。如书后彩图8-11所示，某运动装品牌将同系列的服装、鞋帽等陈列在一起。

（二）主题陈列

为适应季节或特殊事件的需要，设置陈列主题。为专卖创造独特的气氛，吸引顾客的注意力，进而起到促销商品的作用。如书后彩图8-12所示。

（三）场景陈列

利用商品、饰物、背景和灯光等，共同构成不同季节、不同生活空间、不同艺术情调等场景，赋予服装浓厚的生活气息，吸引顾客驻足，产生共鸣。如书后彩图8-13所示。

（四）关联陈列

关联陈列是指将不同种类但相互补充的服饰陈列在一起。商品之间的互补性，可以促使顾客消费的同时购买相关商品。比如，将秋冬外套与帽子、围巾等摆放在一起。将男衬衣、毛衫和领带等摆放在一起，如书后彩图8-14所示。

（五）整齐陈列

整齐陈列的商品通常是店铺想大量推销给顾客的商品，或因季节性因素顾客购买量大、购买频率高的商品。将服装商品按照一定的顺序排列，突出商品的量感，从而给顾客一种视觉刺激，这种陈列方式常用于中低价位的休闲服和运动服中。如书后彩图8-15所示的内衣陈列就属于这类陈列方法。

（六）分类陈列法

陈列可以依照产品的价格、种类、风格、色彩等多种方法进行分类。如书后彩图8-16所示，整个卖场按照色彩进行区域分类陈列，前面是桃红色区域，后面是卡其色区域。如果服装店经营不同年龄阶段的服装，可以按年龄顺序排放，进门是少年装，中间是青年装，最里面是老年装或童装，或左边是中档价位的服装，右边是高档价位的服装。

（七）随机陈列

随机陈列一般使用圆形或四角形的网状膜编筐作为陈列道具，这种展示效果显得比较随意、亲切。休闲服装或一些小巧的服装配饰尤其适合这种展示风格。这种方式也可用于零售型展会上特价服装的销售，附带提示牌，给顾客留下“特卖品即为便宜品”的印象。如书后彩图8-17所示。

（八）广告陈列

用平面广告或各种类型的POP广告，来强调广告效应的陈列方式。

（九）装饰映衬法陈列

在服装店做一些装饰衬托，可以强化服装产品的艺术主题，给顾客留下深刻的印象。如童装店的墙壁上画一些童趣图案，在情侣装附近摆上一束鲜花，在高档皮革服装店放上一具动物标本等。但装饰映衬千万不可喧宾夺主。如书后彩图8-18所示。

（十）曲径通幽法

古人有“曲径通幽处，禅房花木深”的美妙诗句。服装店的货柜布置要利于顾客行走，并使之不断走下去，给人以引人入胜的感觉。对于纵深型的店铺，不妨将通道设计成S形，并向内延伸。对于方矩形场地的店铺，可以通过货架的安排，使顾客多转几圈，不至于进店后“一览无余”，掉头便走。

第三节 陈列的形式美法则

服装陈列设计通过独特的艺术形式，把服装的面料、色彩、造型和装饰和谐统一地建构在一起，形成一种韵律、节奏和美感，表现视觉主题，提高审美感受，在服装陈列中实现形式美将对美化卖场环境、提升商品价值，吸引顾客对商品的注意，刺激顾客购买发挥巨大的作用。在陈列的形式美设计主要体现在以下几个方面：

一、比例

比例是指在配置和组合陈列要素时，在数量上进行最优化组合，形成一定数学比例的关系，给予人们调和悦目的视觉感受。比例是均衡的一种定量特例，几乎在服装陈列设计的所有方面都牵涉到比例。将面积、体积不同的造型和色彩等要素根据比例原理做完美的组织，可以获得理想的陈列效果，运用不同的比例还可以实现所需要的错视效果。陈列中各项比例关系是服装陈列中首要考虑的因素，比例关系应用是否合适对整个卖场陈列的效果有重要的影响作用。

二、对称和均衡

卖场中的对称法就是选取某位置为对称点或线，两边采用相同商品排列的方法。这种陈列形式具有很强的稳定性，给人一种有规律、秩序、安定、完整、平和的美感。如图8-7所示。但在卖场中过多地采用对称法，也会给人以刻板之感，没有生气。因此如果在对称中稍有不对称变化，便可增加造型上的变化，破除刻板，达到活泼的效果。

均衡是一种左右或上下等量而不等形的构图形式，能给人以活泼的感觉，如图8-8所示。卖场中的均衡打破了对称的格局，通过对服装、服饰的精心摆放，来重新获得一种平衡，给人灵巧的视觉感受，从而树立陈列风格灵活、款式变化多样的商品形象。此种陈列形式活跃、不呆板，是目前在服装品牌陈列中应用最广泛的。书后彩图8-19、彩图8-20反映了对称与均衡在男装陈列中的应用。采用均衡陈列时要把握好量的重心，否则就会适得其反。

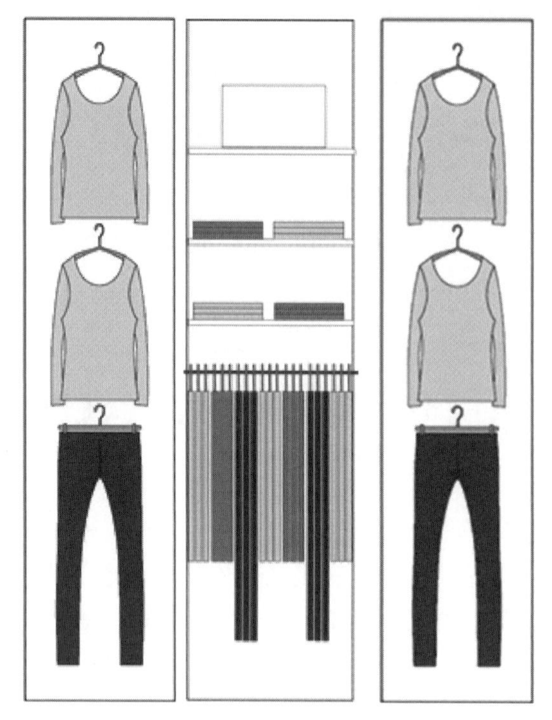

图8-7 对称法

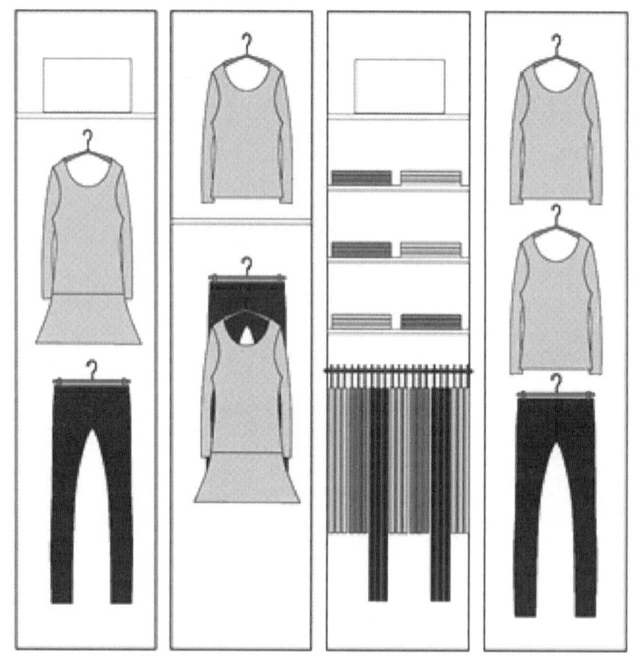

图8-8 均衡法

三、对比与调和

对比是将具有相反特质的东西，同时设置在一起，使他们各自的特点更加鲜明突出，从而达到视觉上的冲突和紧张感。在陈列设计中，形状的大小、曲直、长短、高低等都是对比的表现。陈列表现的各个要素之间的对比可以是物质的形态、大小，也可以是物体的肌理质感、色彩明暗或主题与背景之间的对比。例如：我们将颜色鲜明和颜色较暗的两件商品相互搭配在一起，二者间鲜明的对比使得他们相互衬托，显得更加有吸引力，给顾客留下深刻的印象。

如果一味地进行对比，整个画面可能会显得比较生硬，缺乏整体感，这时我们必须加入其他元素来协调整体，减弱视觉的冲击强度，这就是调和。调和的方式有很多，如加入同种元素、相似元素，或将不同元素进行重组。在色彩调和中最简单有效的方法就是加入黑白灰等中性色。在服装陈列中应用对比与调和，可以利用商品与之周围环境不相同的事物特点衬托商品的与众不同，突出商品的特性，吸引人的眼球，提升商品的价值感。如书后彩图8-21所示：黑色调的模特背景与包的色彩形成强烈对比，衬托出包的亮丽精致。两个模特和包的形状、大小、色彩不一样，存在着对比关系，但包的款式类似、材质一致又调和了模特与包对比的感觉。

四、统一与变化

变化指事物在形态上或本质上产生新的状况，是制造差异、寻求丰富性、形成多样化的主要手段。没有变化，便会显得平淡、缺乏视觉冲击力。强烈、动人和醒目的视觉效果是当今陈列设计的追求，越是醒目给人的感受越强烈。统一是对矛盾的弱化或调和，统一和变化是相对存在的，太统一就单板，变化太多就显得太乱，所以在运用统一时要有变化形式，在运用多种变化形式时要注意统一。在统一中求变化是一条服饰陈列设计的基本策略，如图8-9和书后彩图8-22所示T恤的叠装展示区，在陈列造型和面积一致的基础上，寻求色彩与图案的变化，显得整齐、灵巧、有趣。

五、重复与渐变

重复是相同或相似形象的反复出现，由此形成统一的整体形象。其手法简单、清晰、连续，具有节奏美感（图8-10）。重复可分为单纯重复和变化重复两种形式。单纯重复即单一基本形的重复再现，体现出现代社会提倡标准美和简约美的追求。变化重复则是反复中有变化，或者是两个以上基本形的重复出现，能形成节奏美和韵律美，但变化的层次不宜过多。服装陈列设计中常用重复的形式，连续均等地陈列不同规格、款式的展品，给人以条理性和秩序感，强调陈列主题。书后彩图8-23的服装采用单一重复形式陈列，体现秩序感。书后彩图8-24采用模特造型和服装重复，突出打折主题。

渐变是相同或相近形象的连续递增或递减的变化，是相近形象的有序排列，也是以商品的类似性达成统一的手段。在对立的要素之间采用渐变的手段加以过渡，两极的对立就会转化为和谐、有规律的循序变化，造成视觉上递进的速度感。书后彩图8-25帽子采用色彩渐变的方法陈列，形成视觉强有力的视觉印象，形成律动感和整齐感，给人带来自然舒适的视觉享受。

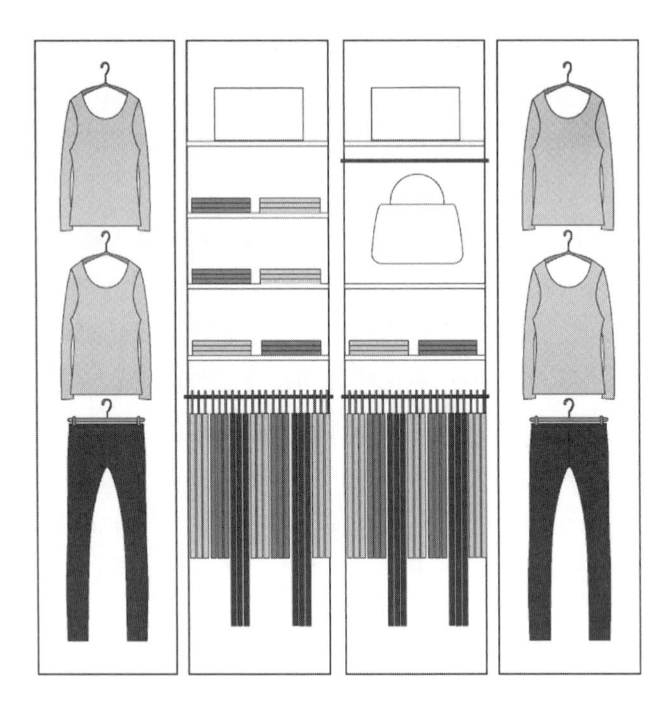

图8-9 统一与变化

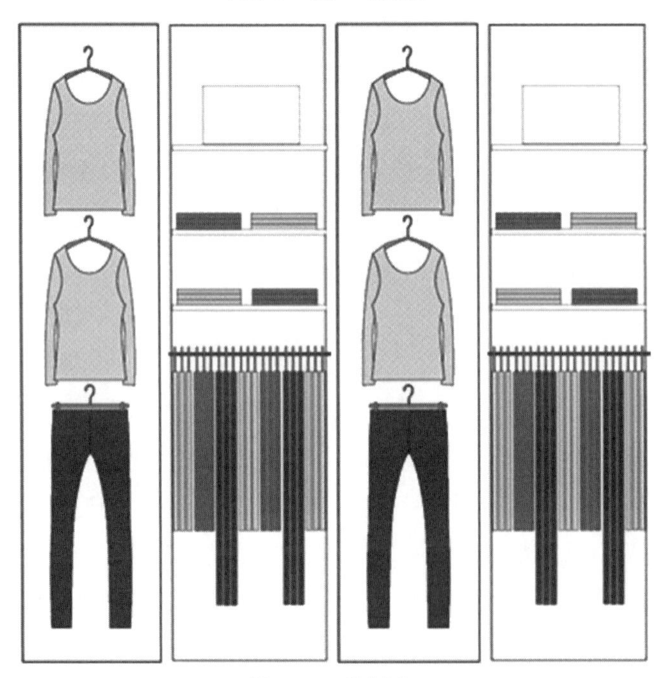

图8-10 重复法

六、节奏与韵律

节奏与韵律是听觉艺术用语，常在音乐与诗歌鉴赏中应用。一个卖场就如同一首乐曲，如果只有一种音符、一种节奏就会觉得比较单调。而太多的节奏和音符如果控制不好，又会变得杂乱无章。因此一个好的陈列师要调整好节奏的轻重缓急，使卖场变得丰富多彩。音乐和陈列是相通的，陈列设计可以对模特之间的间距、排列方式、服装色彩深浅和面积的变化，上下位置的穿插等排列变化，给人一种愉悦的韵律感。书后彩图8–26衬衣的陈列，改变上下位置与搭配的元素，给人感觉轻松愉快。书后彩图8–27则通过服装色彩的变化使整个陈列显得生动有节奏感。

卖场中的各种陈列方式往往不是孤立的，而是相互结合和渗透的，有时在一个陈列面中会出现几种形式美的陈列方式，而且服装卖场的陈列方式多种多样、富有个性，一般在卖场中从审美情趣来看，人们一般喜欢两种形式的形式美，一种是有秩序的美感。另一种是破常规的美感。前者给人一种平和、安全、稳定的感觉。后者表现个性、刺激、活泼的感觉。但总体来说从人们审美习惯来看，有秩序的美感在卖场中应用更广泛些，因为它比较符合人们的欣赏习惯，同时，在一个服装款式缤纷多彩的卖场里，我们更需要的是一种宁静、有秩序的感觉（书后彩图8–28）。

小结

合理的商品陈列可以起到展示商品、刺激销售、方便购买、节约空间、美化购物环境的重要作用。服装陈列的基本要求为整齐、规范、美观，合理、和谐、直观，时尚、独特、齐全。

根据品牌定位和风格的不同，服装陈列方式也各有不同。常规的四种陈列方式为正挂陈列、侧挂陈列、叠装陈列、模特陈列，各种陈列方式的特点和标准略有差异，陈列师要根据服装的特点选择陈列方式，合理搭配各种展示方式，能让简单的陈列方式呈现多样化。常用的陈列方式有系列化陈列、主题陈列、场景陈列等，多种多样的陈列方式互相渗透，再加上比例、对称重复、对比、节奏等形式美的设计，实现丰富、生动、风格出众的卖场陈列。

思考题

1.服装陈列的基本要求是什么?

2.陈列的基本形式有哪些，各有什么优缺点?

3.常用的陈列方法有哪些?

4.试分析形式美法则在店铺陈列中的体现。

第九章
陈列管理

课题名称： 陈列管理

课题内容： 日常管理
陈列的监督与维护

课题时间： 2课时

训练目的： 让学生了解陈列管理的概念和工作范畴、陈列管理的流程和内容、陈列的更新和维护。

教学方式： 讲授式教学、启发式教学

教学要求： 1.让学生了解陈列管理的工作范畴。
2.让学生了解服装陈列管理的流程。
3.让学生了解陈列管理工作的主要内容，学会陈列标准的制定。

目前，越来越多的服装品牌企业开始重视陈列的重要性，并设立相应的陈列部门。陈列部门不仅需要开发陈列设计方案，还要通过科学的管理手段规范所有终端来执行这些方案。陈列管理是陈列人员采用科学的方法，按照规范的方式在终端进行陈列实施的过程，并通过这一过程建立一个目标明确、理念统一、标准一致的陈列团队。陈列管理是一门综合性的学科，包含了美学、人体工效学、视觉行销学、销售等各方面的内容，在实施过程中，需要全方位达成统一，建立相应的管理制度和流程，使陈列在销售中发挥更显著的作用。

陈列部门的工作范畴主要包括设计品牌分季陈列整体方案，建立并落实各项管理制度、对公司各级人员进行陈列理念和技巧培训以及在卖场终端执行陈列设计方案和管理制度。如下表所示。

1.方案设计

店铺的陈列会随着季节和服装系列的变化进行更换，陈列部门须预备好一个完整成熟的陈列设计方案，其中包括橱窗、货架、流水台等不同区域的陈列规划。全面成功的方案是实现陈列效果的保障。

2.规范管理

服装连锁经营的秘诀就是将一个成功的方法进行无变形的复制。要使终端的陈列规范化，就必须有一套规范的管理制度和检查方式。

3.业务培训

陈列中有很多涉及视觉艺术的东西，如色彩、造型等。所以只有一个好的陈列指导手册是不够的。只有一个品牌所有的专卖店员都掌握了翔实的陈列知识，才能确保总部的陈列方案在终端能够得到充分的贯彻和实施，对于超出规范的情况也要学会灵活变通。

4.终端实施

终端实施工作只是整个陈列管理工作的一部分。陈列人员进行陈列实施指导的店铺，通常是品牌的直营店、旗舰店以及新开的店铺。陈列师在实施的过程中可以不断地提高自身的业务水平，同时结合店铺培训，检测自己陈列设计方案的可行性。

陈列部门的工作范畴

工作范畴	工作内容
设计	设计品牌分季陈列整体方案，包括 A 主题橱窗设计 B 展示道具研发 C 服装搭配陈列组合设计
管理	建立并落实各项陈列管理制度，包括 A 橱窗陈列实施管理 B 展示道具配发、使用、维护管理 C 服装、服饰陈列方案执行管理 D 陈列资源、信息管理 E 陈列人员日常业务管理
培训	公司各级人员陈列理念和技巧培训
实施	到卖场终端执行陈列设计方案和管理制度

第一节 日常管理

一、陈列管理的主要目的

（一）以产品为核心，维护陈列秩序和品牌形象

通过日常管理明确陈列主题，围绕主题展示产品，强化产品风格。站在顾客的角度和立场审评陈列效果，维护陈列秩序，为品牌形象服务。

（二）统一终端店铺形象

随着服装公司的迅猛发展，终端店铺的数量也越来越多。一些品牌虽然直接监管的直营店陈列做得不错，但其他专卖店，特别是离公司总部较远的专卖店或加盟店的陈列却常常呈现出比较混乱的局面。无论是10家店、100家店还是1000家店，都应该在同一时间以同样的形象呈现在顾客眼前，只有这样品牌的终端形象才能得以维护。陈列管理此时便显得格外重要。一些国际品牌在这方面做得比较好。

（三）使陈列工作制度化、标准化、流程化

对于具体落实陈列工作的人员如区域销售经理、代理商、店长等，可能每个人对品牌的理解都不同，如果每个人根据自己的品位和对品牌的理解去做陈列，而没有统一的标准，卖场终端的陈列便会千差万别，因此，将一个陈列设计方案精准快速地复制到所有的店铺，是陈列管理要解决的核心问题。

陈列工作要制度化、标准化、流程化，建立专业的陈列管理程序，明确陈列工作范畴，制定科学的陈列执行标准，建立互动的陈列沟通流程，建立总部—区域—终端陈列快捷有效的管理体系，编写完整的陈列手册进行手册化传播，建立详细的店铺档案，重视培训，提升员工陈列素质，加强终端的执行能力，提升公司管理层的陈列观念。

二、陈列管理制度

（1）店铺日常陈列维护制度。

（2）陈列方案设计及审批制度。

（3）陈列道具的管理制度。

（4）陈列实施制度。

（5）陈列培训制度。

（6）新店开业的陈列扶持制度。

三、陈列师的日常工作内容

各服装品牌的陈列师常常要穿梭于各个店铺中，其职责不仅是为模特设计服装、服饰的搭配组合或者是调整货区陈列总体来说，陈列师的日常工作主要包括：

（1）编写每年度、季度陈列手册。

（2）指导新开店铺货品陈列以及装饰品配置。

（3）日常店铺形象巡查：卫生、员工仪表、卖场货品摆放和色彩搭配、橱窗陈列等。

（4）建立详细的店铺档案。

①文字资料：店名、公司内部级别（重点、非重点）、地址、周边店铺、店铺性质（中岛、边厅、专卖店）、有无橱窗等。

②图片资料：门面、门头、橱窗、店铺货架的实景照片等。

四、陈列部门的组织结构和岗位职能

（一）陈列部门的组织结构

品牌陈列实施分层管理制度，设置总部陈列经理、分公司陈列主管、陈列专员、店铺陈列员等，不同的公司陈列部门有不同的组织结构，图9-1所示为某公司陈列部门的组织结构。

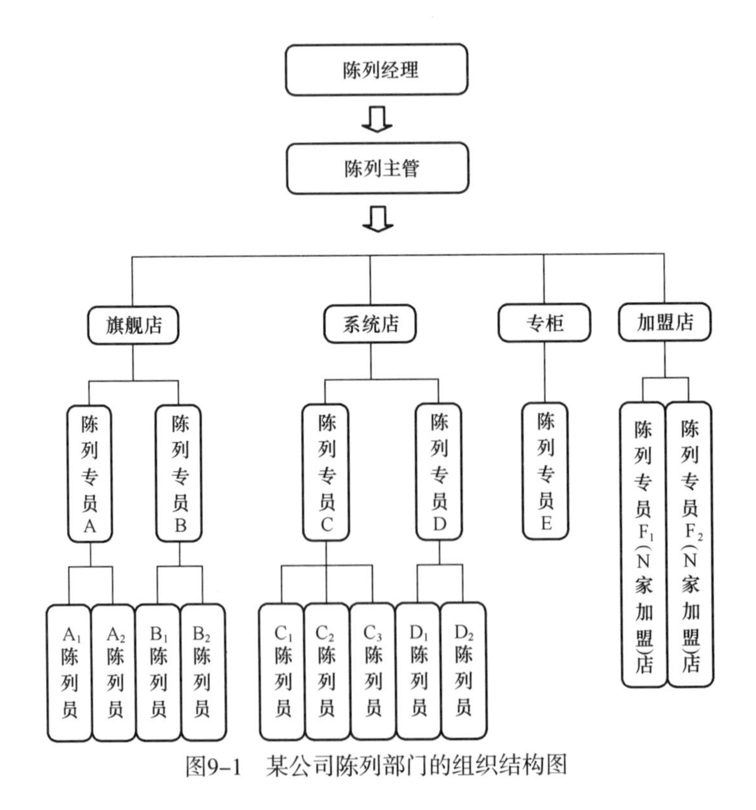

图9-1 某公司陈列部门的组织结构图

（二）陈列部门岗位职能

1.陈列主管

（1）负责公司相关陈列设计工作。

①每季新品上市陈列方案设计。

②节假日、促销陈列方案设计。

③店铺零星陈列方案设计。

④陈列道具设计开发。

（2）协助店面陈列费用控制及管理。

①每季新品上市陈列费用的监控。

②节假日、促销陈列费用的监控。

③陈列道具设计开发的费用监控。

（3）店铺陈列物料的发放跟进。

①陈列道具的发放跟进。

②柜内形象画制作及发放跟进。

（4）协助公司及部门完成相关陈列工作。

①每季货品预订会的陈列设计工作。

②公司相关展览、展会陈列设计工作。

③协助每季新品上市陈列手册的拍摄、制作工作。

2.陈列专员

（1）负责公司各店铺日常陈列维护督查工作。

（2）负责店铺员工的产品知识和店铺陈列的培训工作。

（3）负责品牌公司各阶段市场活动的推广，根据品牌公司的陈列模式，做好重点店铺的陈列调整，并将此模式推广到其余各店铺。

（4）负责公司新开店、整改店铺的陈列调控工作，并依据平面图提出合理的陈列布局意见，在后期跟进。

（5）负责与商品部沟通各店铺货品的现有问题。

（6）负责每月新品到货的陈列调整工作，并做好每月的陈列培训工作。

3.店铺陈列员

（1）负责店铺内商品及橱窗陈列的日常工作及有关的行政工作。

（2）负责店铺内各项陈列活动。

（3）确保陈列的效果符合公司形象及要求。

（4）按照商品的情况并配合店铺的销售需要，平衡陈列的指引，从而提高店铺销售额。

（5）提高店铺员工对陈列知识及技巧的运用。

（6）与供应商及服务商保持紧密联系，维护公司利益。

（7）与店铺及其他部门保持良好合作关系。

第二节　陈列的监督与维护

一、陈列培训

陈列作为一门技术和艺术结合的学科，需要终端人员具备一定的专业知识。为提高员工对陈列的认识，加强陈列技能的运用，需要统一陈列思路，开展陈列培训。

（一）培训方式

1.集中培训

由培训部门按计划统一安排时间，陈列部门做好培训教材及培训考核试卷的准备工作，按照计划实施。将陈列人员陈列培训考核的结果备案保存并通报运营部，作为员工选拔参考条件之一。

2.分区培训

根据各区域需求，陈列师安排相应的培训计划，下放到各片区，选择代表性店铺，集中相关人员进行实际培训讲解。陈列师做好分片培训总结报告，陈列人员存档并发送人力资源部，运营部，区域参与店铺。

3.单店培训

每家店铺的结构、人文环境、客户群体都会有所区别，所以陈列师要根据每家店铺的陈列特点，进行针对性的培训。

（二）培训对象

1.新员工入职培训

一定要建立新员工培训制度。主要是基础陈列技巧的培训，一般需要面对面教授，工作量较大。

2.店助、店长培训

店长是品牌终端的操盘手，店铺中销售人员流动性较大，店长是相对稳定的人员，他们决定着终端店铺陈列工作的落实，因此要帮助店长、店助培养扎实的陈列技能，使他们能胜任对店铺员工的细节培训。

3.区域经理、督导培训

区域经理和督导主要负责品牌在各个区域的执行效果，对区域经理、督导进行培训，能够及时调整陈列中的问题，更好地统一终端的陈列形象。

（三）培训分类

1.季节培训

每年至少应该有两次季节性的大型培训（春夏、秋冬交际），在当季服装上市前进行培训，能够让员工更好地理解和贯彻新一季产品的陈列内涵。

2.橱窗更换培训

不同的品牌对橱窗更换的速度和重视程度不同，一般情况下，一期橱窗的展示时间约为三四十天，但需要每周更换一次服装及服饰搭配，可以根据一些图文资料进行橱窗更换培训。

3.特殊培训

当遇到一些突发事件，如服装换季货品较乱、新品上市计划与实际情况差异较大时，陈列师应立即采取行动，重新调整陈列标准，及时进行不定期的培训。

4.订货会培训

订货会期间，陈列人员通过接受品牌发展规划、产品陈列方面的培训，引导订货商配货。

二、陈列标准及范例

如果没有标准就谈不上管理。标准化、统一化、规范化是成功连锁品牌企业管理的基础，当然陈列管理也不例外，终端店铺要想很好地执行店铺陈列标准及日常的维护工作，公司陈列人员必需制定一系列的陈列标准来进行规范。陈列标准实施过程中主要包括以下三部分：

（一）发布标准

陈列标准建立好后，应立即通过网络或其他渠道发布标准，从标准发布的那一刻开始，便进入陈列执行的监控期，陈列师要确认各个店铺对陈列标准的执行程度，同时，其他部门也应该积极支持和配合。

（二）落实标准

落实标准应该做到及时、快速、统一、规范、理解、渗透。陈列标准发布后，应立刻开始行动，在规定的时间内快速完成。标准要按照统一的要求规范完成，不能仅凭个人的意愿，陈列人员要学会理解规定的内容，提高对品牌的认知，严格落实并将标准渗透于品牌文化中。

（三）调整标准

在实施落实计划的过程中，陈列部门作为监控者要及时了解实施的情况，及时检查，并掌握终端具体的销售数据、顾客反馈等大量信息，作出精准的判断和最佳的调整。

店铺陈列管理的各种标准，通常称为陈列手册。其中包括道具的使用方法、模特的穿衣展示原则、当季产品陈列规范手册、店铺货区调整手册和橱窗方案实施标准手册等，以下举例说明。

（四）《店铺基本陈列规范手册》例

《店铺基本陈列规范手册》主要包括以下的内容（参考）：

1.品牌简介

2.货品陈列基本要求

2.1 配色的基本概念

2.2 挂装准则

2.2.1 单件挂装准则

2.2.2 整套挂装准则

2.2.3 上衣挂装准则

2.2.4 裤类挂装准则

2.2.5 挂装须知

2.3 叠装准则

2.3.1 叠装多件叠法

2.3.2 上衣叠装步骤

2.3.3 裤类叠装步骤

2.3.4 叠装外观效果

2.3.5 叠装须知

2.4 鞋类陈列准则

2.5 配件陈列准则

2.6 有关模特陈列

2.6.1 模特构造

2.6.2 男模特穿衣方法

2.6.3 女模特穿衣方法

2.6.4 模特陈列范例A

2.6.5 模特陈列范例B

2.6.6 室内模特陈列说明

2.7 货品陈列前准备工作

3.陈列货组

3.1 陈列货组概念

3.2 陈列货组分类A

3.3 陈列货组分类B

3.4 陈列货组范例

4.店铺分区

4.1 主流区

4.2 次流区

4.3 功能区

5.模特出样/橱窗出样/卖场维护

6.定期陈列指引

（五）《当季产品陈列规范手册》例

《当季产品陈列规范手册》主要包括以下内容（参考）：

1.当季风格介绍及设计理念

2.当季产品的系列与主题

3.当季产品上市波段

4.当季主推款及主推色介绍

5.配饰介绍

6.当季物料介绍及使用

7.高架陈列

8.流水台陈列

9.中岛陈列

10.单支架陈列

11.侧挂陈列

12.叠装陈列

13.橱窗陈列

14.当季市场活动与陈列的结合

15.不同类型店铺的陈列注意点等

三、陈列考核

在陈列标准的执行中，如果没有检查反馈及奖惩激励制度，那么很难把标准坚持下去和及时发现问题并改进。陈列考核主要分为公司对经销商、店铺的考核和公司、经销商、店铺对陈列人员的考核两大部分。

（一）公司对经销商、店铺的考核

把陈列考核纳入经销商的经营业绩考核、店铺业绩考核项目里，能够较好地统一终端店铺陈列标准，控制执行效果。考核项目涉及各种陈列标准执行、形象维护、与公司陈列沟通等内容。

（二）公司相关部门、经销商、店铺管理人员对陈列人员的考核

公司相关部门、经销商、店铺管理人员对陈列人员日常工作的考核项目主要是店铺销售业绩、陈列培训有效性、对陈列问题处理、客户满意度等。

以上两部分考核需要注意的是每个考核项目都要包括项目的衡量方法、计算方式、达标要求、考核单位、奖罚规定、考核频度、应用表单等项目。

小结

陈列管理是指陈列人员采用科学的方法，按照规范的方式在终端进行陈列实施的过程，并通过这一过程建立一个目标明确、理念统一、标准一致的陈列团队。陈列部门的工作范畴主要包括设计品牌分季陈列整体方案，建立并落实各项管理制度、对公司各级人员进行陈列理念和技巧培训以及在卖场终端执行陈列设计方案和管理制度。陈列师的日常工作主要包括：编辑每年度、季度的陈列手册；指导新开店铺货品陈列以及装饰品配置；日常店铺形象巡查：卫生、员工仪表、卖场货品摆放和色彩搭配、橱窗陈列等；建立详细的店铺档案。

公司陈列人员必需制定一系列的陈列标准来进行规范，即陈列手册的制定。各终端店铺执行陈列标准，进行陈列培训，并及时的检查、反馈和维护陈列，若发现问题应及时改正和修订。

思考题

1.陈列管理的概念是什么？

2.陈列管理的目的和主要内容是什么？

3.什么是陈列标准？

4.为什么要进行陈列培训？

参考文献

［1］韩阳.卖场陈列设计［M］.北京：中国纺织出版社，2006.

［2］马大力.视觉营销［M］.北京：中国纺织出版社，2003.

［3］吴立中，王鸿霖.服装卖场陈列艺术设计［M］.北京：北京理工大学出版社，2010.

［4］田燕.服装陈列策划与管理［M］.北京：东方出版社，2007.

［5］阳川.服饰陈列设计［M］.北京：化学工业出版社，2008.

［6］齐德金.服装展示设计原理与实例精编［M］.北京：中国纺织出版社，2010.

［7］马立群，韩雪.服装陈列设计［M］.沈阳：辽宁科学技术出版社，2008.

［8］张立.服装设计［M］.北京：中国纺织出版社，2009.

［9］于西蔓.找对色彩就美丽［M］.北京：中国纺织出版社，2010.

［10］黄元庆.服装色彩学［M］.北京：中国纺织出版社，2000.

［11］金贵成.销售空间设计［M］.北京：人民美术出版社，2002.

［12］http://www.meilishuo.com/

正文彩图

彩图1　路易·威登品牌橱窗展式

彩图2-1　展柜

彩图2-2　层柜

彩图2-3　直线型服装展示台

彩图2-4　圆形服装展示台

彩图2-5　领带陈列柜

彩图2-6　围巾陈列架

彩图2-7　鞋架

彩图2-8　服装店铺里的高架与低架

彩图2-9　坐姿模特

彩图2-10　站姿模特

彩图2-11　综合陈列各种姿态的模特

彩图2-12　吊挂式POP

彩图2-13　柜台式POP

彩图2-14　落地式POP

彩图2-15 动态POP

彩图2-16 贴纸POP

彩图2-17　吉牡（JIM’S）品牌的有趣模特

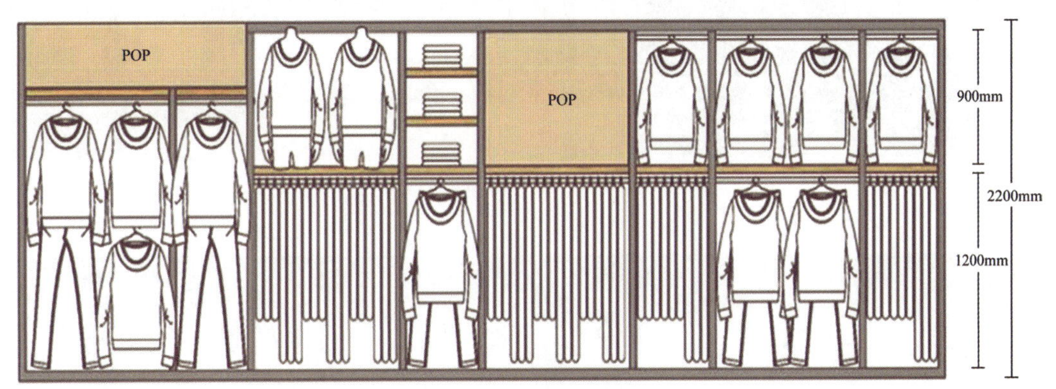

彩图3-1　展示架平面效果图

彩图3-2　服装店铺的陈列效果图

彩图4-1　韩国服装品牌小熊（Teenie Weenie）的店面外观

彩图4-2　服装品牌普拉达（Prada）的店面外观

彩图4-3　韩国女装品牌Voll的出入口

彩图4-4　知名品牌迪奥（Dior）的橱窗设计

彩图4-5　服装品牌依恋的招贴广告

彩图4-6　服装品牌Lee的店内空间

彩图4-7 试衣区

彩图4-8 收银台

彩图4-9 顾客休息区

彩图4-10 视觉艺术空间（VP）

彩图4-11 视觉区域的划分

彩图4-12　货架高度要适宜

可见光光谱线

彩图5-1　可见光光谱线

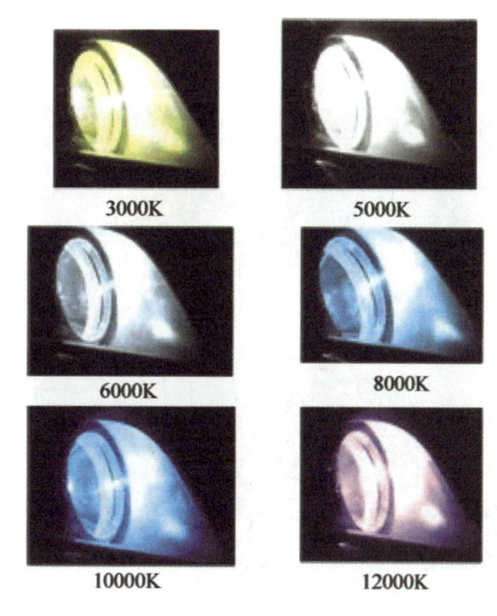

彩图5-2　高压气体放电灯

彩图5-3 LED大功率灯

彩图5-4 冷光灯

彩图5-5 流水台上的装饰台灯

彩图5-6 吸顶灯

彩图5-7 吊灯

彩图5-8 壁灯

彩图5-9　服装店铺里的镶嵌灯

彩图5-10　服装店铺里的槽灯

彩图5-11　橱窗中的投光射灯

彩图5-12　店铺里的一般照明

彩图5-13　橱窗里的重点照明

彩图5-14　装饰照明

彩图5-15　综合照明

彩图5-16　门面的照明设计

彩图5-17　白天橱窗的照明

彩图5-18　封闭式橱窗的照明

彩图5-19　半封闭式橱窗的照明

彩图5-20　开放式橱窗的照明

彩图5-21　展示货架的照明设计

彩图5-22　展示货架的照明设计

彩图5-23　展示衣架的照明设计

彩图5-24　店内展示模特的照明设计

彩图5-25　展示柜台照明设计

彩图5-26 试衣间的照明设计

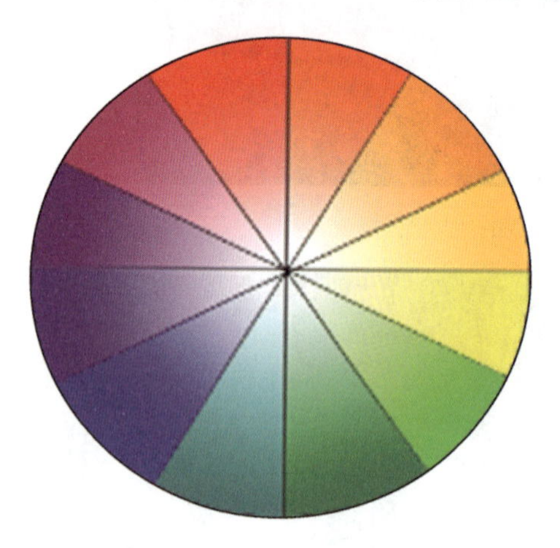

有彩色

无彩色

彩图6-1 有彩色与无彩色

彩图6-2 三原色与三间色

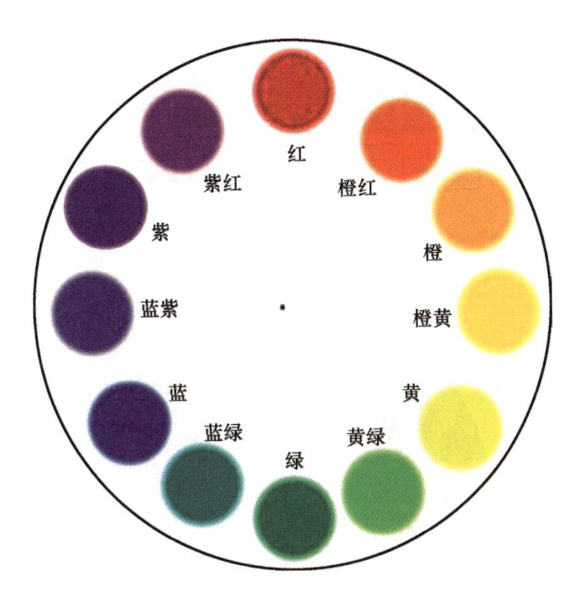

彩图6-3　各种调和出的复色

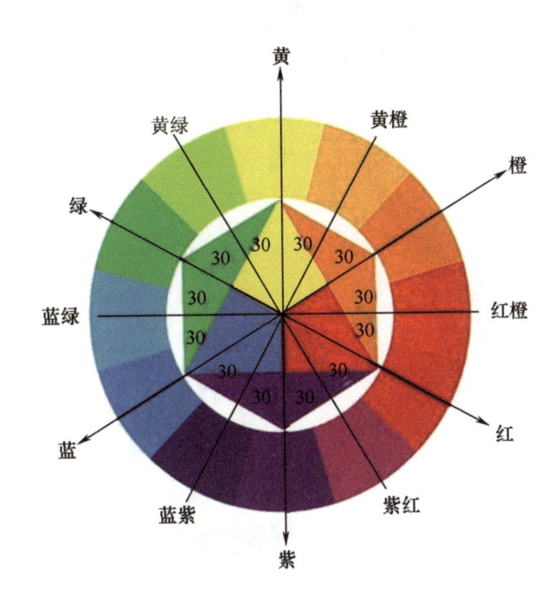

彩图6-4　色相环

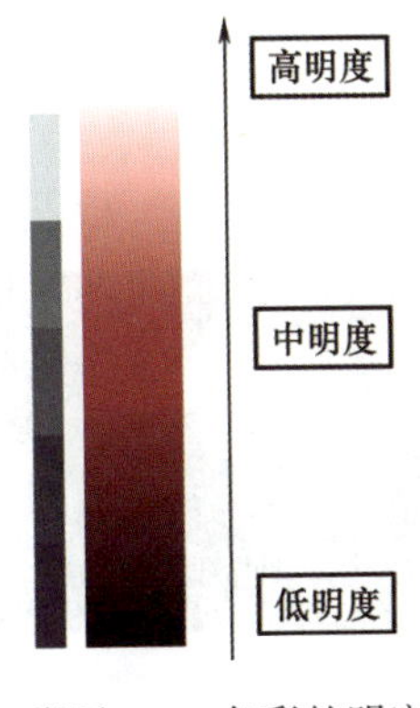

彩图6-5　色彩的明度

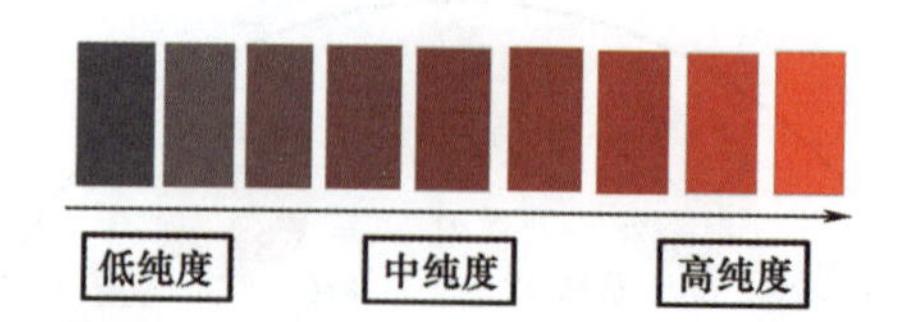

彩图6-6 色彩的纯度

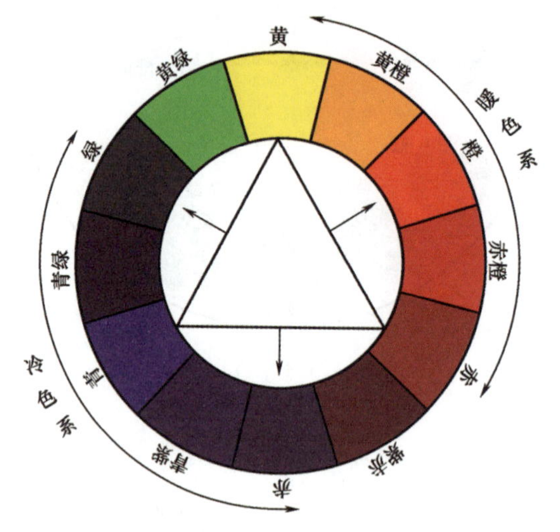

彩图6-7 色彩的冷暖

彩图6-8 冷色系与暖色系

彩图6-9 颜色前进与后退

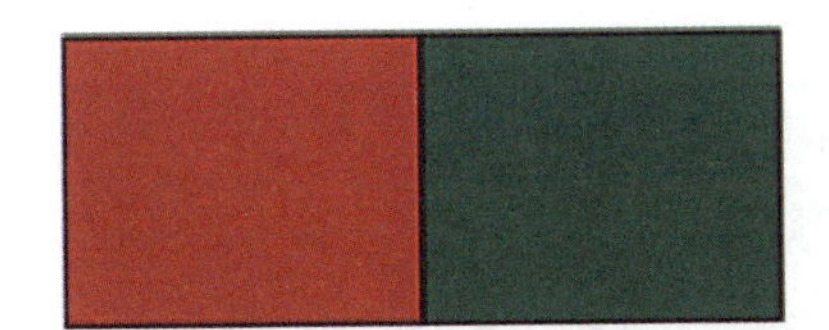

彩图6-10　色相对比

彩图6-11　无彩色的对比

彩图6-12　无彩色与有彩色的对比

彩图6-13　同类色对比

彩图6-14　无彩色与同类色对比

彩图6-15 邻近色对比

彩图6-16 类似色对比

彩图6-17　中度色相对比

彩图6-18　强烈对比

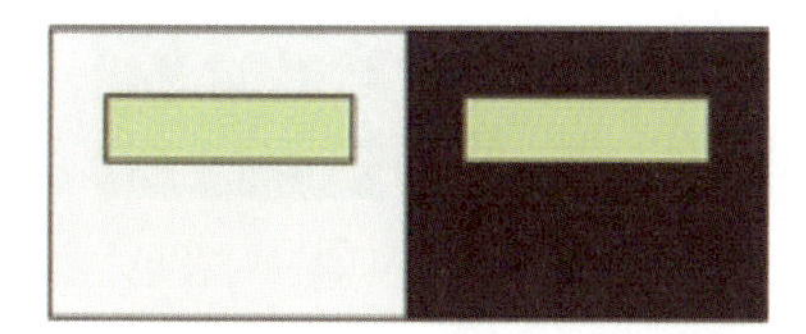

彩图6-19　明度对比1

彩图6-20　明度对比2

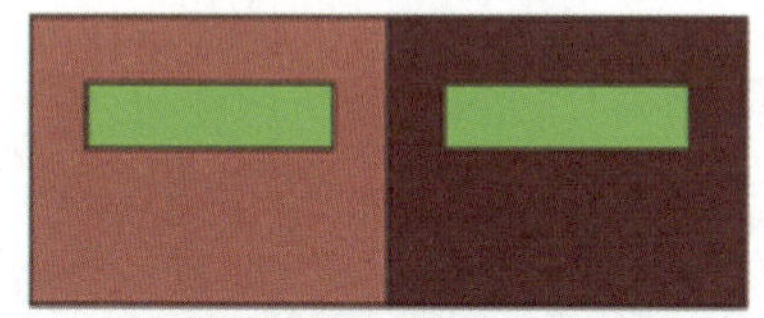

彩图6-21　纯度对比1

彩图6-22　纯度对比2

彩图6-23 常见的三对补色

彩图6-24 补色对比

彩图6-25 冷暖对比

彩图6-26　面积的对比

彩图6-27　夏季色彩陈列设计

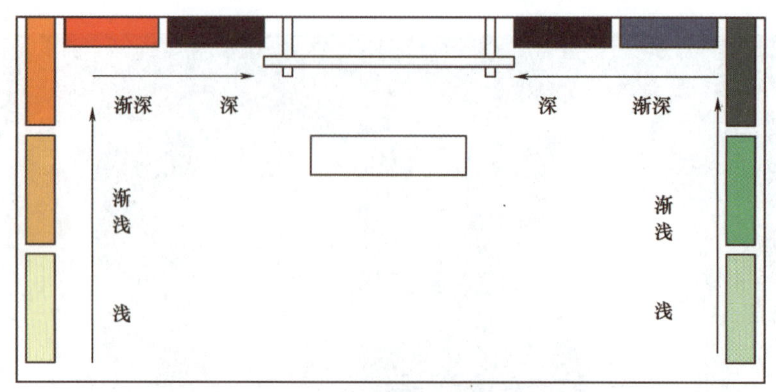

彩图6-28　卖场总体色彩规划

彩图6-29　以中性色为主色调的服装卖场

彩图6-30　色彩陈列

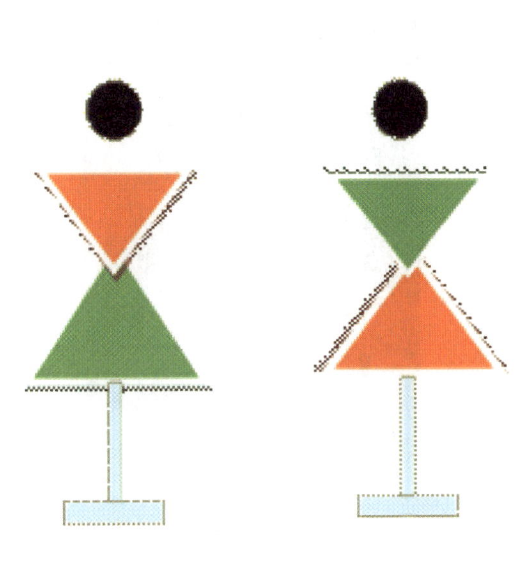

彩图6-31 十字交叉法

彩图6-32 平行组合法

彩图6-33 点缀法

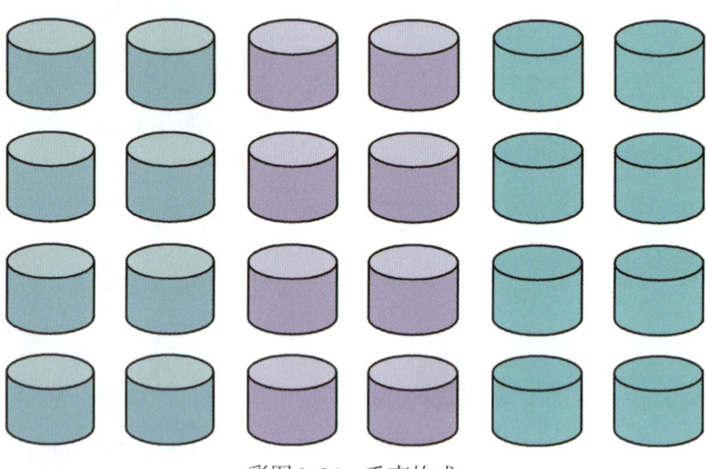

彩图6-34 垂直构成

彩图6-35 水平构成

彩图6-36　斜线构成

彩图6-37　十字构成

彩图6-38　上浅下深渐变

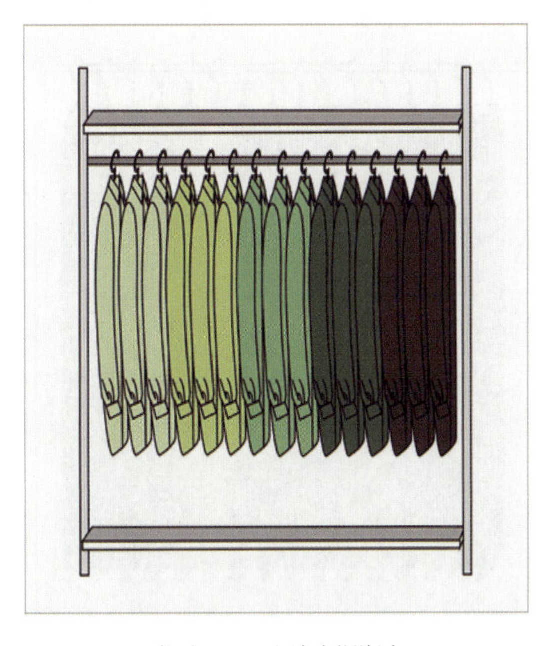

彩图6-39　左浅右深渐变

彩图6-40 渐变法加入中性色

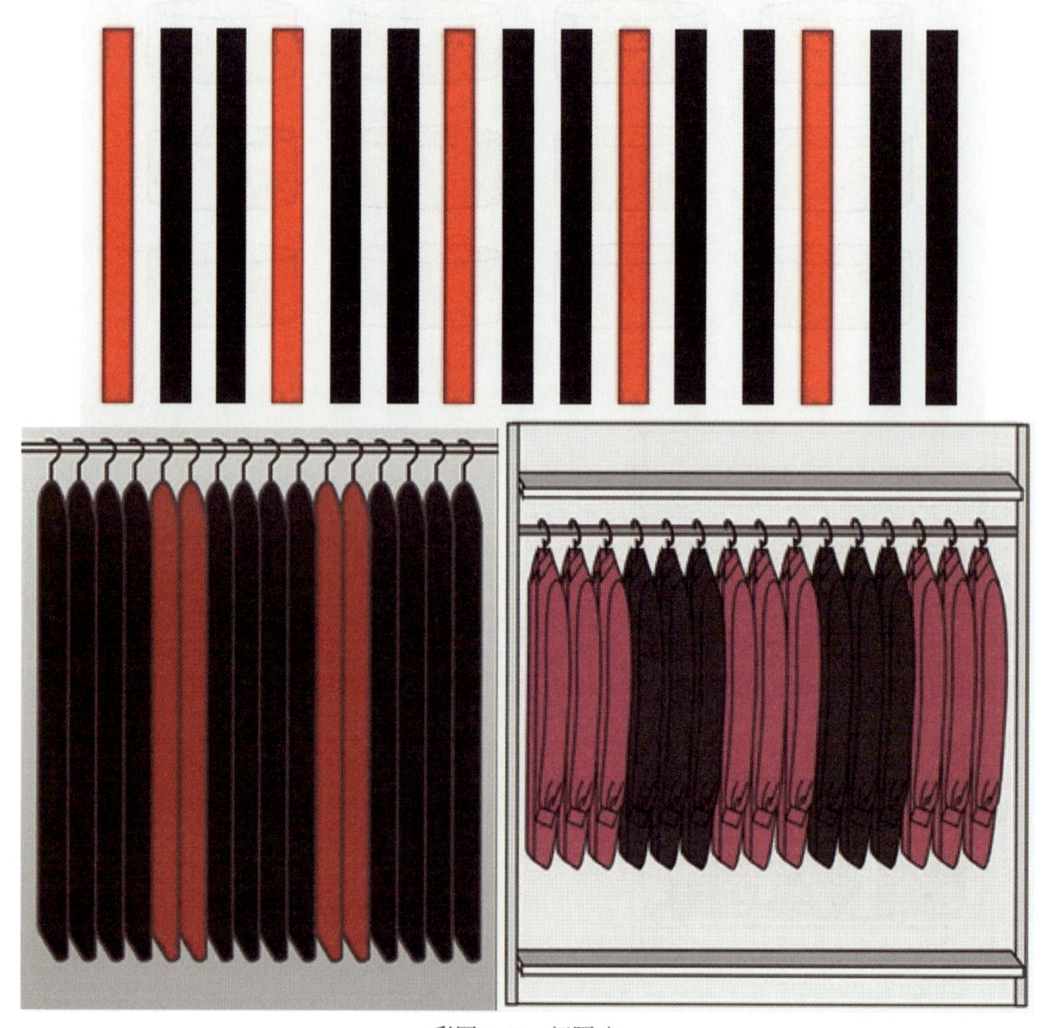

彩图6-41 间隔法

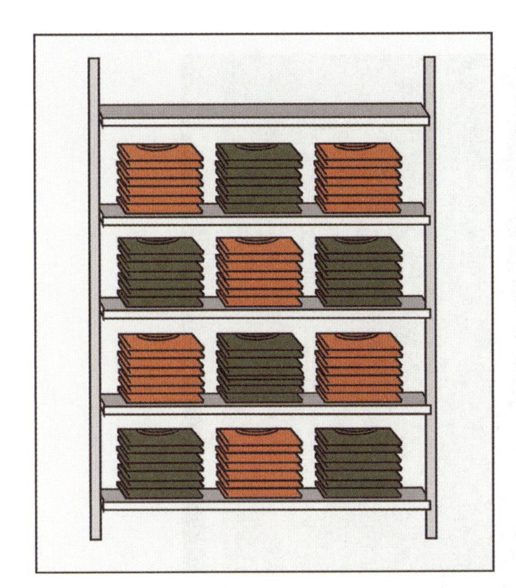

彩图6-42 间隔法在叠装、正挂陈列中的应用

彩图6-43 色彩间隔示例

彩图6-44 彩虹法

彩图7-1　封闭式橱窗

彩图7-2　半封闭式橱窗

彩图7-3　开敞式橱窗

彩图7-4　路易·威登的艺术化橱窗陈列

彩图7–5　单个模特的陈列

彩图7–6　姿态不同的两具模特陈列

彩图7–7　高低不同的两具模特陈列

彩图7-8　角形陈列的三具模特

彩图7-9　高低不同的三具模特的陈列

彩图7-10　四具模特的陈列

彩图7-11　橱窗陈列

彩图7-12　时间陈列

彩图7-13　场景式陈列

彩图7-14　系列式陈列

彩图7-15　专题陈列

彩图7-16　特写陈列

彩图8-1　正挂陈列

彩图8-2　侧挂陈列

彩图8-3　叠装陈列

彩图8-4　拼图折叠

彩图8-5　拼图折叠技巧

彩图8-6　裤子的叠法1

彩图8-7　裤子的叠法2

彩图8-8　模特陈列

彩图8-9　摆放陈列

（a）货品太小，陈列方法单一　　　　（b）调整以后，货量丰富

彩图8-10　陈列展示货量适宜

彩图8-11　系列化陈列

彩图8-12　七夕主题陈列

彩图8-13　场景式陈列

彩图8-14　关联陈列

彩图8-15　整齐陈列

彩图8-16　色系分类陈列

彩图8-17　随机陈列

彩图8-18　装饰映衬法陈列

彩图8-19　对称法

彩图8-20　均衡法

彩图8-21　对比法

彩图8-22　统一与变化

彩图8-23　重复陈列

彩图8-24　重复陈列

彩图8-25　渐变陈列

彩图8-26　节奏与韵律1

彩图8-27　节奏与韵律2

彩图8-28　有秩序感的卖场陈列